U0181555

氢 能 安 全

〔希腊〕F. 里加斯(F. Rigas)
〔加拿大〕P. 阿米欧特(P. Amyotte)　著

孟会行　王　成　邢金朵　　译

科学出版社

北　京

图字：01-2021-7244 号

内 容 简 介

当前正在加速发展的氢能产业有望助推"双碳目标"的实现。氢能安全理论与技术可为推广利用氢能保驾护航。本书系统地融合物理科学、工程学、管理学和社会科学方法，旨在防控氢能生产和使用过程的事故风险。全书论述氢气危险特性、历史事故、储运与使用风险防控方法、本质安全设计、安全管理系统和安全文化等重要问题，为保障氢能安全利用提供了一套系统方法。此外，书中还介绍了氢能安全法规要求和研究趋势。

本书适合高等院校、科研院所、相关企业从事氢能生产和安全研发的科研人员、管理工作者和工程技术人员阅读，也可作为相关专业师生的学习参考用书。

图书在版编目 (CIP) 数据

氢能安全/(希) F. 里加斯 (F. Rigas)，
(加) P. 阿米欧特 (P. Amyotte) 著；孟会行，
王成，邢金朵译.—北京：科学出版社，2022.9
书名原文：Hydrogen Safety
ISBN 978-7-03-071459-6

Ⅰ.①氢… Ⅱ.①F… ②P… ③孟… ④王… ⑤邢
… Ⅲ.①氢能—安全科学 Ⅳ.①TK91

中国版本图书馆 CIP 数据核字 (2022) 第 023717 号

责任编辑：许 健／责任校对：谭宏宇
责任印制：黄晓鸣／封面设计：殷 靓

科 学 出 版 社 出版
北京东黄城根北街 16 号
邮政编码：100717
http://www.sciencep.com

南京展望文化发展有限公司排版
广东虎彩云印刷有限公司印刷
科学出版社发行 各地新华书店经销

*

2022 年 9 月第 一 版 开本：B5(720×1000)
2022 年 9 月第一次印刷 印张：13 3/4
字数：267 000

定价：150.00 元
(如有印装质量问题，我社负责调换)

原著作者简介

F. 里加斯 希腊雅典国立技术大学教授,曾任墨西哥国立自治大学客座教授。目前的研究和学术活动集中于污染场地的过程安全和生物修复领域。在其专业领域发表 150 余篇论文,是 34 种国际期刊的审稿人。

P. 阿米欧特 加拿大工程院院士、加拿大达尔豪斯大学化学工程教授及 C. D. Howe 工程讲席教授。科研兴趣为本质安全、过程安全和粉尘爆炸防控领域。在工业安全领域发表 200 余篇论文,是 *Journal of Loss Prevention in the Process Industries* 主编。

中文版序言

∎
∎
∎
∎

本书英文版自 2013 年出版以来,广受科学界认可,并于近期由北京理工大学和北京建筑大学的研究人员译成中文。

对氢的持续关注是将全球变暖幅度控制在 2℃ 以内所需能源转型的核心支柱之一。为实现该愿景,世界需要持续做出巨大改变,到 2050 年需将与能源相关的二氧化碳排放量减少 60%——即使人口增长超过 20 亿,且新兴市场数十亿人口加入全球中产阶级。因此,氢能被认为是应对灾难性气候变化不可或缺的因素,然而其既有优点也有缺点。

氢的优点包括:燃烧过程清洁,仅释放水和能量;每单位重量储存能量比大多数其他燃料多;可由低碳资源制得;可以用作燃料;能将能量从一个地方输送到另一个地方;可作为一种能量储存形式或一种化学原料。

氢的缺点包括:当今几乎所有的氢生产都来自高碳来源;目前生产成本高,且成本降低的可能性具有不确定性;氢体积大,且运输和储存成本高;其生产效率不高,成本增加且需要大量的能源供给。

人们较为关注氢能在生产、储存、运输和终端使用中的安全问题。此外,在许多情况下氢气事故可能会造成严重危害,例如 2011 年福岛第一核电站事故期间引发的爆炸。

因此,要成功进入"氢能时代",需要新的安全标准和足够的社会认可,本书作为氢能安全参考书可以发挥一定作用。

F. Rigas,P. Amyotte

2021 年 9 月

译者序

《中华人民共和国国民经济和社会发展第十四个五年规划和2035年远景目标纲要》提出"氢能与储能等前沿科技和产业变革领域，组织实施未来产业孵化与加速计划，谋划布局一批未来产业""锚定努力争取2060年前实现碳中和"。氢能是落实国家战略、应对气候变化的绿色能源。氢能生产和利用方兴未艾，研发氢能安全技术可为氢能利用保驾护航。

Hydrogen Safety 由 Taylor & Francis 出版集团 CRC 出版社于2013年出版，是国际上较早的一本研究氢能安全的学术著作，具有重要学术影响。原著作者为希腊雅典国立技术大学（National Technical University of Athens）福蒂斯·里加斯（Fotis Rigas）教授、加拿大达尔豪西大学（Dalhousie University）保罗·阿米欧特（Paul Amyotte）教授，他们在过程安全等研究领域具有重要国际影响力。

该书从安全科学与工程视角出发，融合物理科学、工程学、管理学和社会科学方法，旨在防控氢能生产和使用过程中的风险。全书系统论述氢气危险特性、氢能历史事故、储运与使用风险防控方法、本质安全设计、安全管理系统和安全文化等重要问题，为有效保障氢能安全利用提供了一套系统方法。该书还论述了欧洲氢能安全研发架构——HySafe，并提供相关研究案例。该书最后介绍了氢能安全法规要求和研究展望。

本书适合高等院校、科研院所、相关企业从事氢能安全研发的科研人员、管理工作者和生产技术人员阅读，可作为安全科学与工程、化学工程与技术、交通运输工程、石油与天然气工程、储能科学与工程等相关专业的参考书。

本书译者为北京理工大学爆炸科学与技术国家重点实验室孟会行副研究员、北京理工大学爆炸科学与技术国家重点实验室主任王成教授,以及北京建筑大学机电与车辆工程学院邢金朵讲师。

感谢原著作者 F. Rigas 教授和 P. Amyotte 教授在翻译过程的鼓励并受邀撰写中文版序言。

感谢北京理工大学爆炸科学与技术国家重点实验室出版基金、北京理工大学青年教师学术启动计划(项目编号:XSQD -202002007)、北京理工大学机电学院对本书出版的资助。

感谢翻译过程中提供宝贵支持的专家学者和朋友们。

感谢北京理工大学荆琦、安旭、杨周、刘璇、耿梦尧参与翻译工作。

由于译者水平有限,书中疏漏和差错之处在所难免,敬请广大读者批评指正。

前　言

这本关于氢能安全处理和使用的著作旨在激发思考和交流,同时提供实际指导。我们希望所提供的信息有助于读者将(设想的)氢经济变为现实。我们也希望(通常被视为非技术性的)安全研究这一重要领域,可以与其他技术性研究主题一起加入氢安全的讨论中。

本书首先解决了与氢的危害以及随之而来的工业和公众使用氢的风险相关的问题,如氢的哪些特性可以使其成为有害物质? 这些危害在历史上如何导致意外事件的发生? 在氢气的储存和车辆运输中如何产生这些危害?

继而讨论了本质安全设计、安全管理系统和安全文化,并介绍了欧洲氢安全研发架构——HySafe,包括与氢和结构材料相关的案例研究。最后简要介绍了氢能安全研究展望和当前的法律要求。

我们试图以平衡的视角看待氢能安全。这种观点不仅来自我们各自的专业领域,还来自一种融合信念,即通过将物理科学、工程原理与管理及社会科学结合起来,可有效地解决材料或活动的安全问题。非氢相关行业在这方面就有惨痛的教训,涉氢工业没有必要再经历同样的困境。

F. Rigas 要感谢他的家人们,尤其是他的妻子 Betty,因为他们在他漫长的学术活动中(几乎)毫无怨言并保有耐心。他还要感谢 Taylor & Francis 出版集团 CRC 出版社的材料科学与化学工程高级编辑 S. Allison 女士委托他和 P. Amyotte 撰写本书。

P. Amyotte 要感谢他的家人对他事业的支持。他特别感谢他的妻子 Peggy。他还要感谢达尔豪西大学,尤其是工程学院院长 L. Joshua 博士,近期任命其为 C. D. Howe 工程讲席教授。

缩略词列表

ADNR（inland waterways）（Regulation for the Carriage of Dangerous Substances on the Rhine，EU） 莱茵河危险物质运输条例(欧盟)

ADR（road）（Accord Européen Relatif au Transport International des Marchandises Dangereuses par Route — European Agreement Concerning the International Carriage of Dangerous Goods by Road） 关于国际公路危险货物运输的欧洲协议

AIChE（American Institute of Chemical Engineers） 美国化学工程师学会

ALARP（as low as reasonably practicable principle） 最低合理可行原则

ATEX［Appareils destinés à être utilisés en ATmosphères EXplosives（EU Directive）］ 爆炸性环境中使用的设备(欧盟指令)

BAMs（bulk amorphous materials） 块体非晶材料

BLEVE（boiling liquid expanding vapor explosion） 沸腾液体扩展蒸气爆炸

CCPA（Canadian Chemical Producers' Association） 加拿大化学品生产者协会

CCPS（Center for Chemical Process Safety） （美国化学工程师协会）化工过程安全中心

CEI（Dow chemical exposure index） 道化学暴露指数

CFCs（chlorofluorocarbons） 氯氟烃

CFD（computational fluid dynamics） 计算流体动力学

CL（checklist） 检查表

CNG（compressed natural gas） 压缩天然气

COD（code of practice） 行为准则

CPU（central processing unit） 中央处理器

CSB（Chemical Safety Board，USA） 美国化学品安全委员会

CSChE (Canadian Society for Chemical Engineering) 加拿大化学工程学会

CVCE (confined vapor cloud explosion) 密闭空间可燃气云爆炸

DDT (deflagration-to-detonation transition) 爆燃转爆轰

DGR (IATA Dangerous Goods Regulations) 国际航空运输协会危险品条例

DNR (Department of Naval Research) 海军研究部

DOE (United States Department of Energy) 美国能源部

EIGA (European Industrial Gases Association) 欧洲工业气体协会

EPR (European Pressure Reactor) 欧洲压水堆

ETA (event tree analysis) 事件树分析

FDS (Fire Dynamics Simulator Code) 火灾动力学仿真软件

F&EI (Dow fire and explosion index) 道氏火灾爆炸指数

FMCSA (Federal Motor Carrier Safety Administration) 美国交通部联邦汽车运输安全管理局

FMEA (failure modes and effects analysis) 失效模式和影响分析

FTA (fault tree analysis) 故障树分析

FVM (finite volume method) 有限体积法

GH_2 (compressed hydrogen gas) 压缩氢气

HAZOP (hazard and operability) 危险与可操作性

HIAD (European Hydrogen Incident and Accident Database) 欧洲氢气事件和事故数据库

HRAM (hydrogen risk assessment method) 氢风险评估方法

HSE (Health and Safety Executive) 英国健康与安全执行局

HTHA (high-temperature hydrogen attack) 高温氢致损伤

IATA (International Air Transport Association) 国际航空运输协会

IChemE (Institution of Chemical Engineers, UK) 英国化学工程师学会

IEA (International Energy Agency) 国际能源署

IGC (Industrial Gases Council) 工业气体委员会

IMO (sea) (International Maritime Organization) 国际海事组织

ISD (inherently safer design) 本质安全设计

ISO (International Organization for Standardization) 国际标准化组织

ITER (International Thermonuclear Experimental Reactor) 国际热核聚变实验反

应堆

LBLOCA（Large Break Loss of Coolant Accident）　大破口失水事故

LDL（lower detonability limit）　爆轰下限

LFL（lower flammability limit）　燃烧下限

LH_2（liquid hydrogen）　液氢

LLNL（Lawrence Livermore National Laboratory）　劳伦斯·利弗莫尔国家实验室

LNG（liquefied natural gas）　液化天然气

LPG（liquefied petroleum gas）　液化石油气

MH（metal hydride）　金属氢化物

MHIDAS（Major Hazard Incident Data Service）　重大危险事件数据服务

MIACC（Major Industrial Accidents Council of Canada）　加拿大重大工业事故委员会

MIC（methyl isocyanate）　异氰酸甲酯

MIL-STD 882（Military Standard 882）　美国军用标准 882

MOC（management of change）　变更管理

MOF（metal-organic framework）　金属有机框架

MVFRI（Motor Vehicle Fire Research Institute）　美国机动车火灾研究所

NASA（National Aeronautics and Space Administration）　美国国家航空航天局

NBP（normal boiling point）　正常沸点

NFPA（National Fire Protection Association）　美国消防协会

NHTSA（National Highway Traffic Safety Administration）　美国国家公路交通安全管理局

NIST（National Institute of Standards and Technology）　美国国家标准与技术研究院

NRA（National Railway Authority）　美国国家铁路局

NTP（normal temperature and pressure）　常温常压

NWC（Naval Weapons Center）　美国海军武器中心

OHA（operating hazard analysis）　操作危害分析

OHSAS（Occupational Health and Safety Assessment Series）　职业健康与安全评估体系

OSHA（U.S. Occupational Safety and Health Administration）　美国职业安全与健康管理局

PAR（passive auto-catalytic recombiner） 被动型自动催化复合器

PED（European Pressure Equipment Directive） 欧洲压力设备指令

PHA（preliminary hazard analysis） 预先危险性分析

PRD（pressure relief devices） 泄压装置

PSM（process safety management） 过程安全管理

QRA（quantitative risk assessment） 定量风险评估

RID（rail）（Règlement Concernant le Transport International Ferroviaire des Marchandises Dangereuses — Regulation Concerning the Transport of Dangerous Goods by International Railway） 关于国际铁路运输危险货物的规定

RRR（relative risk ranking） 相对风险排序

SHHSV（stationary high-pressure hydrogen storage vessel） 固定式高压储氢容器

SRB（solid rocket booster） 固体火箭助推器

SST（shear stress transport model） 剪切应力传递模型

STP（standard temperature and pressure） 标准温度和压力

SUV（suburban utility vehicle） 郊区多功能车

SwRI（Southwest Research Institute） 美国西南研究院

TNT（trinitrotoluene） 三硝基甲苯

TPED（transportable pressure equipment directive） 移动式压力容器指令

TRD（thermal relief device） 散热装置

UFL（upper flammability limit） 燃烧上限

UDL（upper detonability limit） 爆轰上限

UNECE（United Nations Economic Commission for Europe） 联合国欧洲经济委员会

UVCE（unconfined vapor cloud explosion） 开敞空间可燃气云爆炸

WI（what-if） 故障假设分析

目 录

第1章 绪 论

研究氢能使用历史时,参照另一种能源——石油的开发历程也许是有益的。埃德温·德雷克(Edwin Drake)于 1859 年在美国宾夕法尼亚州打出第一口油井,用采出的石油代替鲸油,后者是当时(欧美地区)的主要照明光源和化学原料。鲸油的获取过程较为危险且由于过度开采而日益减少,就像目前的石油一样。与鲸油相比,石油具有较多优势并且解决了许多与前者相关的生态和资源安全问题。然而,在使用了一个半世纪之后,石油制造了与环境污染和能源安全有关的新问题[1]。为解决上述问题,且考虑到自然资源枯竭和全球能源需求的快速增长,人们一直致力于用新的能源载体逐步替代化石燃料(石油、煤炭和天然气)。

氢被认为是未来最广泛使用的最有前景的燃料之一,主要是因为它是一种节能、低污染和可再生的燃料。氢能用途广泛且清洁,并且考虑到环境利益,因此人们正在考虑利用可再生能源(如生物质能、风能、太阳能)和核能生产氢[2-3]。但是正如之前的鲸油和石油,目前缺乏对广泛使用氢可能带来的潜在问题的讨论。每当引入任何新技术时,辨识和控制潜在的不良后果属于伦理道德上的要求。诚然,对于氢来说,具有这种影响世界的潜力[1]。

全球研究机构正在研究和资助的与氢有关的战略研究领域如下:

1)用现有工艺和新型工艺生产清洁氢气;

2)存储,包括混合存储系统;

3)基本材料,包括用于电解槽、燃料电池和存储系统的材料;

4)在全球范围内制定法规和安全标准所需的安全和法规问题;

5)社会问题,包括公众意识和向氢能经济过渡的准备。

如果氢能在经济上具有竞争力并与基础设施连接,则氢可以成为一种有效的能量载体,从而在生产、分配和终端使用链中提供安全和环境可接受的能源系统。氢气用于商业和工业用途已超过一个世纪,具有较好的安全记录,例如炼油和化工过程,以及用于火箭推进,或者作为核沸水反应堆中的放射性分解副产物。工业界在化工厂安全处理危险材料方面具有丰富的经验,在化工厂,只有接受过良好培训的人员才能接触到氢气。然而,氢作为能量载体的广泛使用将导致大众使用氢能,因此需要研发相应的安全法规和技术[4-5]。

影响公众接受氢的主要问题之一是氢装置(生产和储存单元)的安全性及其应用(例如,作为汽车燃料或家用)。与氢的使用相关的危害可分为生理性危害(冻伤和窒息)、物理性危害(部件失效和脆化)和化学性危害(燃烧或爆炸),主要危害是与空气形成易燃或爆炸性混合物[6-7]。就欧洲国家而言,危险化学品装置属于 SEVESO Ⅱ 指令(96/82/EC)范畴,用于控制涉及危险物质的重大事故危险。该指令中包含氢,该指令执行时所用的氢气量比其他普通燃料都要严格[8-9]。

在最近的研究中,通过氢与其他燃料之间的理论[10]和计算[11]安全性比较,并未得出谁更安全的结论。历史上氢气的使用曾导致严重的事故,并产生重大的经济和社会损失,提示人们在处理氢气时需要加强安全措施[12]。当涉及预防损失和公共安全时,应指出安全措施的必要性。人们需要了解潜在危险,并确定涉氢装置周围的危险区域。

正如 Guy[13]指出的那样,氢主要是作为合成气生产的,用于化学生产(如氨和甲醇),或者是作为副产品回收的,用于炼油厂。其进一步指出,尽管业界(特别是工业气体公司)对氢气的安全处理已广为人知,但在公共领域使用氢气可能会出现问题。本书表明,如果要实现所设想的氢经济,必须深入理解并采取行动,以确保在所应用领域更安全地生产、储存、分配和使用氢能。

本书其余部分按以下方式组织:第 2 章概述历史上的氢能事故。第 3 章讨论与气相和液相中的危害相关的氢的各种性质。这些特性表现为生理、物理和化学危害将在第 4 章进行讨论。与氢存储设施和氢用作运输燃料有关的危害和相应的风险分别在第 5 章和第 6 章进行讨论。

第 7 章讨论将本质安全设计原则[14]应用于氢安全领域。第 8 章介绍通过适当的安全管理系统改进氢气的安全处理和使用的情况。第 9 章介绍一项独特的工作,旨在促进氢气作为能源的安全引入,并消除与安全相关的障碍,即欧洲氢能安全研发机构(HySafe)[15]。第 10 章阐述从历史案例学到的经验教训,这些经验教训对于在所有领域(尤其是氢气使用方面)进行安全改进都具有重要意义。

第 11 章讨论氢对结构材料的影响这一重要问题。第 12 章的主题是氢安全领域的未来需求。最后,第 13 章概述了氢安全的各种准则和程序方法,第 14 章进行全书总结。

全书内容的排列顺序旨在将氢安全的传统观点(即储存和使用中的危险特性和工业风险)与管理和社会科学相关的同等重要但经常被忽视的安全方面进行整合(例如安全管理体系和安全文化)。希望本书对具有不同背景和经验的各个领域的从业者和研究人员有所帮助。

参 考 文 献

[1]　Cherry, R.S., A hydrogen utopia? International Journal of Hydrogen Energy, 29, 125, 2004.

[2]　Akansu, S.O., Dulger, Z., Kahraman, N., and Veziroglu, T.N., Internal combustion engines fueled by natural gas: hydrogen mixtures, International Journal of Hydrogen Energy, 29, 1527, 2004.

[3]　Rigas, F., and Sklavounos, S., Evaluation of hazards associated with hydrogen storage

facilities, International Journal of Hydrogen Energy, 30, 1501, 2005.

[4] Momirlan, M., and Veziroglu, T. N., Current status of hydrogen energy, Renewable and Sustainable Energy Reviews, 6, 141, 2002.

[5] EUR 22002, Introducing Hydrogen as an Energy Carrier, European Commission, Directorate-General for Research Sustainable Energy Systems, 2006.

[6] Schulte, I., Hart, D., and van der Vorst, R., Issues affecting the acceptance of hydrogen fuel, International Journal of Hydrogen Energy, 29, 677, 2004.

[7] Dincer, I., Technical, environmental and exergetic aspects of hydrogen energy systems, International Journal of Hydrogen Energy, 27, 265, 2002.

[8] European Economic Community, On the Control of Major-Accident Hazards Involving Dangerous Substances, Directive 96/82/EC, Brussels, 1996.

[9] Kirchsteiger, C., Availability of community level information on industrial risks in the EU. Process Safety and Environmental Protection, 78, 81, 2000.

[10] Institute of Chemical Engineers, Accident Database (CD form), Loughborough, U.K., 1997.

[11] Taylor, J.R., Risk Analysis for Process Plants, Pipelines and Transport, Chapman & Hall, London, 1994, 102.

[12] Center for Chemical Process Safety, Guidelines for Hazard Evaluation Procedures, American Institute of Chemical Engineers, New York, 1992, 69.

[13] Guy, K.W.A., The hydrogen economy, Process Safety and Environmental Protection, 78 (4), 324 – 327, 2000.

[14] Kletz, T., and Amyotte, P., Process Plants: A Handbook for Inherently Safer Design, CRC Press/Taylor & Francis Group, Boca Raton, FL, 2010.

[15] Jordan, T., Adams, P., Azkarate, I., Baraldi, D., Barthelemy, H., Bauwens, L., Bengaouer, A., Brennan, S., Carcassi, M., Dahoe, A., Eisenrich, N., Engebo, A., Funnemark, E., Gallego, E., Gavrikov, A., Haland, E., Hansen, A.M., Haugom, G.P., Hawksworth, S., Jedicke, O., Kessler, A., Kotchourko, A., Kumar, S., Langer, G., Stefan, L., Lelyakin, A., Makarov, D., Marangon, A., Markert, F., Middha, P., Molkov, V., Nilsen, S., Papanikolaou, E., Perrette, L., Reinecke, E.-A., Schmidtchen, U., Serre-Combe, P., Stocklin, M., Sully, A., Teodorczyk, A., Tigreat, D., Venetsanos, A., Verfondern, K., Versloot, N., Vetere, A., Wilms, M., and Zaretskiy, N., Achievements of the EC Network of Excellence HySafe, International Journal of Hydrogen Energy, 36 (3), 2656 – 2665, 2011.

第 2 章 氢气事故回顾

工业和运输部门已发生多起涉氢严重事故。重大事故致因包含以下类别[1]：

1）机械或材料失效；

2）腐蚀；

3）超压；

4）低温下储罐脆性增强；

5）沸腾液体扩展蒸气爆炸；

6）由于相邻爆炸的冲击波和破片影响而破裂；

7）人为失误。

典型的事故数据库,如联合国环境规划署和经济合作与发展组织数据库、MHIDAS(Major Hazard Incident Data Service,重大危险事件数据服务)和 BARPI (Bureau d'Analyse des Risques et Pollutions Industriels,法国工业风险和污染分析局)数据库已被用于收集与氢应用相关的历史事故并将其归类,如表 2.1 所示[2-8]。

表 2.1 虽未列举所有涉氢事故(这些数据库需要不断更新),但可以说明因氢气不当使用、储存或运输而产生的潜在危险。这些典型案例表明,氢气易引发重大事故,对装置内外均具有较大风险。

表 2.1 涉氢重大事故汇总

日　　期	地　　点	事　　故	死亡/人	受伤/人	疏散/人
2001.05.01	美国俄克拉荷马州(Oklahoma)	火灾/运输(拖车)	1	1	15
2001.04.18	美国蒙大拿州拉巴迪(Labadie, Montana)	火灾/发电厂	N/A	N/A	N/A
2000.09.03	法国哈弗尔冈弗雷维尔-奥彻(Gonfreville-L'Orcher, Havre, France)	爆炸/化工厂	—	12	—
2000.02.10	日本北海道苫小牧(Tomakomai, Hokkaido, Japan)	火灾/炼油厂	—	—	—
1999.05.07	印度帕尼帕特(Panipat, India)	火灾/炼油厂	5	—	—
1999.04.08	美国佛罗里达州希尔斯伯勒县坦帕(Hillsborough, Tampa, Florida)	火灾和爆炸/发电站	3	50	38
1998.09.15	加拿大托奇(Torch, Canada)	火灾/核工业	N/A	N/A	N/A
1998.06.08	法国图兰奥佐尔(Auzouer en Touraine, France)	火灾和爆炸/精细化学品	—	1	200

续表

日　　期	地　　点	事　　故	死亡/人	受伤/人	疏散/人
1993.N/A	俄罗斯克拉斯纳雅图拉(Krasnaya Tura, Russia)	云爆炸/管道	—	4	—
1992.10.16	日本袖浦(Sodegaura, Japan)	爆炸/炼油厂	10	7	—
1992.08.28	中国香港(Hong Kong, China)	爆炸/发电厂	2	19	—
1992.08.08	美国特拉华州威尔明顿(Wilmington, Delaware)	爆炸/炼油厂	—	16	—
1992.04.22	法国伊瑟尔贾里(Jarrie, Isere, France)	火灾/化工厂	1	2	—
1992.01.18	美国宾夕法尼亚(Pennsylvania)	火灾/N/A	1	3	—
1991.05.16	日本宫城角田(Kakuda, Miyagi, Japan)	爆炸/太空火箭设施	—	—	—
1991.02.14	韩国大山(Daesan, Korea)	爆炸/石油化工产品	—	2	—
1991.10.N/A	德国法兰克福哈瑙(Hanau, Frankfurt, Germany)	爆炸/光纤生产	N/A	N/A	N/A
1990.07.25	英国伯明翰(Birmingham, UK)	火灾和气云	—	>60	70 050
1990.N/A	捷克斯洛伐克(Czechoslovakia)	爆炸	15	26	N/A
1990.04.29	法国奥特马斯海姆(Ottmarsheim, France)	火灾	N/A	N/A	N/A
1989.N/A	美国(USA)	喷射火/管道	7	8	—
1989.10.23	美国得克萨斯州帕萨迪纳(Pasadena, Texas)	爆炸/化工厂	23	314	—
1988.06.15	意大利热那亚(Genoa, Italy)	爆炸	3	2	15 000
1986.01.28	美国佛罗里达州肯尼迪航天中心(Kennedy Space Center, Florida)	"挑战者号"爆炸/航天中心	7	119	—
1977.N/A	印度古吉拉特邦(Gujarat, India)	爆炸/化工厂	5	35	N/A
1975.04.05	英国埃塞克斯郡伊尔福德(Ilford, Essex, UK)	爆炸/化工厂	1	—	—
1972.N/A	荷兰(Netherlands)	爆炸	4	40	N/A
1937.05.06	美国莱克赫斯特,兴登堡号飞艇(Hindenburg, Lakehurst)(图2.1)	火灾	36	N/A	N/A

注：表中的"N/A"表示不详；"—"表示无。

　　下文引用了对人员和财产造成严重后果的典型事故案例,详细信息可参见相关文献和数据库[7-10]。

2.1　典　型　事　故

2.1.1　兴登堡号事故

　　齐柏林 LZ‑129 兴登堡号(Hindenburg)和它的姉妹舰 LZ‑130 Graf Zeppelin II 是有史以来最大的航空器。它们由德国齐柏林飞艇制造公司(Luftschiffbau Zeppelin)于 1935 年建造。兴登堡号以德国总统保罗·冯·兴登堡(Paul von Hindenburg)的名字命名,采用铝制框架,长 245 m,直径 41 m,16 个气室可填充 211 890 m³ 气体,有效浮力为 112 t,四台功率为 820 kW 的发动机为其提供动力,最大速度为 135 km/h。它的外表面覆盖着含氧化铁和铝粉的醋酸丁酸纤维素树脂浸渍的棉织物。由于美国对氦气的军事禁运,兴登堡号被填充高度易燃的氢气作为浮力气体(不是不可燃的氦气),于 1936 年 3 月开启首次航行。为防止兴登堡号因氢气泄漏而起火,德国工程师采取各种安全措施,包括上述的棉织物特殊涂层,使其具有导电性,以避免静电火花[11]。

　　1937 年 5 月 6 日,新泽西州的莱克赫斯特(Lakehurst, New Jersey)发生了一场灾难(图 2.1),氢气起火原因调查持续多年。在此之前,齐柏林飞艇未出现过任何乘客受伤,这被奉为德国优势的象征。此外,Graf Zeppelin 已安全飞行超过 160 万

图 2.1　兴登堡号飞艇烧毁

千米(约100万英里),包括首次完成环球航行。而这次事故导致人们停止使用飞艇作为客运工具。氢气着火后迅速蔓延至飞艇尾部,彻底摧毁了飞艇。同时,大火还引发爆炸,迅速吞没了这艘重240 t的飞艇,最终飞艇坠毁,导致36人遇难。事故调查结果表明,兴登堡号飞艇外壳和油漆易燃,最终可能被电火花点燃。醋酸丁酸纤维素本身易燃,加入氧化铁和铝粉后,其易燃性急剧增加。事实上,氧化铁和铝有时被用于制造固体火箭推进剂或铝热剂。

此外,飞艇的外壳通过不导电的苎麻绳与铝制框架隔开,从而使静电积聚在外壳上。事故发生时的大气条件可能会在飞艇上产生大量静电放电活动。且系泊缆绳潮湿(具有导电性),连接至铝制框架。当潮湿的系泊缆绳接触地面时,其将铝制框架接地,导致从带电外壳到接地框架形成放电[11]。

飞艇在氢气起火后被完全摧毁,其触发原因是外壳使用了危险材料,以及不当设计导致静电产生。由此可见,并非氢气燃烧直接导致人员死亡,即使采用氦气代替氢气,由于外壳燃烧且失去浮力,飞艇也会烧毁。鉴于氢气极易燃烧,在当今的浮力驱动飞艇中,常采用氦气代替氢气,形成本质安全的系统(如本书第7章所述)。

2.1.2 维护工作中氢气泄漏

1989年10月23日,在美国得克萨斯州的帕萨迪纳(Pasadena, Texas),一家聚乙烯工厂发生了大规模毁灭性的氢气云爆炸,造成23人死亡,314人受伤,整个工厂遭到大面积破坏。爆炸当量相当于2.4 t TNT炸药。事故原因是在反应回路管线维护期间释放了约40 t含有乙烯、异丁烯、己烷和氢气的工艺气体。美国职业安全与健康管理局(U.S. Occupational Safety and Health Administration, OSHA)详细说明了该装置在管理上的诸多缺陷,主要有以下几点:

1) 缺乏危险评估研究(如第8章所述);

2) 控制室和反应器之间的安全距离不足,不利于在最初的蒸气释放期间开展紧急关断和人员安全疏散;

3) 缺乏有效的许可制度以管控维修活动(如第8章所述);

4) 建筑物通风口设计不当,在工艺装置发生气体释放的情况下,泄漏气体可能积聚于毗邻建筑内。

2.1.3 加压氢气罐的破裂

1991年在德国法兰克福的哈瑙(Hanau),一个储存在工业厂房外装有100 m³氢气、压力为45 bar的储罐在没有明显破坏因素的情况下发生爆炸(burst)。冲击波和罐体外壳破片对工厂其他结构造成严重损害[12]。事故调查显示,金属外壳的焊接部位从内侧到外侧出现了大范围裂缝。很可能是焊接拐角处造成应力集中,出现初始裂纹。在氢气影响下,裂纹增长速度比正常情况扩展得更快,导致材料失效和物理爆炸。由于此次事故,德国所有类似储罐都被重新检查,生产规范被修订以规定更高的拐角上限,并提出新的测试方法以检测服役过程中的初始裂缝。毋庸置疑,此次事故为提高氢气储罐安全性做出了贡献。

2.1.4 "挑战者号"灾难

"挑战者号"航天飞机经过七年发展(1972~1979年)于1983年4月4日首次发射。它的三个主引擎来自Rocketdyne公司,以液氢和液氧作为燃料和氧化剂。Martin Marietta公司的外部罐体载有616 t液氧(1 991 L)和102 t液氢(14 500 L)。Thiokol公司的固体火箭助推器(solid rocket booster, SRB)每个载有503 t燃料(16%的雾化铝粉作为燃料,69.83%的高氯酸铵作为氧化剂,0.17%的铁粉作为催化剂,12%的聚丁二烯丙烯酸丙烯腈作为黏合剂,2%的环氧固化剂)。

美国东部时间1986年1月28日上午11时38分,"挑战者号"航天飞机离开佛罗里达州肯尼迪航天中心39B停机坪,执行代号51-L任务。这是"挑战者号"的第十次飞行。发射后73秒,氢气罐爆炸,"挑战者号"航天飞机解体(图2.2),七名机组成员(六名宇航员和一名平民)全部遇难。

图2.2 "挑战者号"升空时在光照下解体后的烟羽(smoke plume),以及当天披着冰柱的肯尼迪航天中心

爆炸原因为航天器右侧 SRB 的 O 形密封圈失效。加上当时异常寒冷的天气(见图 2.2 右图),超过了橡胶密封圈的极限范围,造成密封圈失效。当时 39B 停机坪地面温度为 36℉(约 2.2℃),这比 NASA 此前其他发射地的温度要低 15℉(约 8.3℃)[11]。

2.2 事 故 报 告

报告与氢气有关的事故并分析其主要原因,有助于与私营企业和公共部门分享经验教训。为此,太平洋西北国家实验室在美国能源部的资助下建立了 H_2 事故数据库(H_2 Incidents Database)(可查阅 http://www.h2incidents.org/①)。在该数据库中,事故和未遂事故报告不包括公司名称和其他细节,这种保密性有助于事故报告。该数据库还根据环境、设备、损害和伤害、可能原因和促成因素对这些事故进行了分类。

图 2.3~图 2.6 展示了截至 2010 年底该数据库中重要事故的百分比记录。图 2.3 描述了 H_2 事故数据库中报告的各种场合的氢气事故百分比,共 209 起事故。该图显示,目前最频繁发生的是实验室事故,但随着如今氢气的大量研究及更广泛地利用,这种情况预计将在未来几年发生变化。

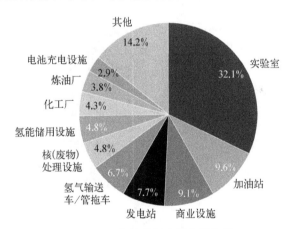

图 2.3 H_2 事故数据库报告的各种
场合下涉氢事故的百分比

图 2.4 展示了 334 起事故所涉及设备类型的百分比。与一般技术事故情况一样,在事故中最常涉及一些简单设备(如管道、配件、阀门和储罐),因为人们日常对其关注较少。

图 2.5 展示了在氢气事故中损坏和受伤百分比,在 240 起事故中,只有一小部分造成人员伤亡(4.6%)。这是因为考虑到此类事故严重性,通常都会采取特定缓解措施。

① 译者注:网站更新为 https://h2tools.org/lessons

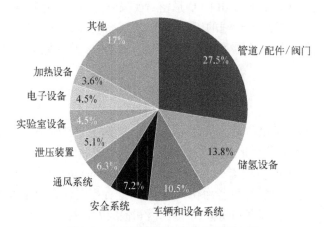

图 2.4   H₂ 事故数据库报告的事故中涉
及的不同类型设备的百分比

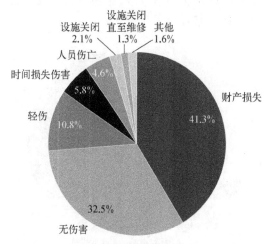

图 2.5   H₂ 事故数据库中报告的氢气事故
造成损坏和伤害类型的百分比

关于氢气事故的可能致因,图 2.6 验证了在过程工业中所熟知的 291 起事故的情况。虽然设备失效是最常见的事故原因,但几乎所有其他原因中都隐含着人为失误,包括设备失效、设计缺陷和不遵守操作程序标准。

从这一分析中汲取的教训如下:

1)由于对氢气生产、储存和利用的研究不断深入,实验室发生了许多事故;

2)大多数事故发生在最简单的设备上,如管道、配件和阀门等,通常人们对这些设备不够重视;

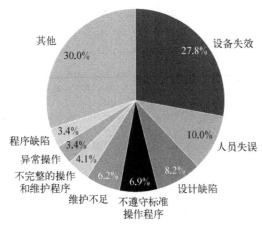

图 2.6 H₂ 事故数据库报告的氢气事故致因百分比

3）大多数事故会导致财产损失,仅有少数事故导致人员伤亡,这是由于氢气使用数量有限且采取了缓解措施;

4）最可能的事故致因是设备失效,而缺乏态势感知和人为失误是最常见的原因。

根据 H₂ 事故数据库,2010 年记录的由氢气引起的最新事故如表 2.2 所示。这种致因和后果分析给出了在使用、储存或运输氢气时可能导致事故的常见致因。图 2.7 为数据库中的一个实例。

表 2.2 H₂ 事故数据库(供公众使用)报告的氢气事故(2010 年)

事件类型和描述	损坏和伤害	原因与点火源	经验教训/建议/缓解措施
城市垃圾焚烧设施氢气爆炸。工人们注入水以清除熔渣(clinker)中一些堵塞物,水与焚烧的铝灰反应生成氢气 报告日期:2010 年 11 月 16 日	三名工人被检查口喷出的高温气体严重烧伤,其中 1 人于事故 10 天后死亡。财产损失	工人们注入水清除熟料中的一些堵塞物,水与焚烧的铝灰反应生成氢气,引起爆炸 可能原因:人为失误和程序缺陷 点火源:热熔渣或凿子产生的火花	铝在送入焚化炉之前应与垃圾分离
大型石化厂的苯乙烯工厂发生氢气爆炸和火灾。爆炸发生后,大约 30 kg, 700 psig① 的氢气从爆裂区域泄漏到压缩机棚 报告日期:2010 年 11 月 12 日	2 人死亡,另有 2 人受伤。财产损失	运营商将工厂上线,以提高氢气循环压力 可能原因:设备故障、设备缺乏及未事先识别的危险 点火源:未知	氢气通过一个失效的 19 in② 直径垫圈泄漏,并在部分封闭的压缩机棚顶下被点燃。不应该用墙壁和屋顶限制可能释放氢气的区域

译者注:① 1 psig = 6 894.76 Pa;② 1 in = 2.54 cm。

续表

事件类型和描述	损坏和伤害	原因与点火源	经验教训/建议/缓解措施
储罐内细菌产氢导致致命事故。事故发生在一个海上石油工业污水的陆上处理设施 报告日期：2010 年 3 月 5 日	2 名操作员试图从一个 1 600 m³ 储罐顶部的检修孔取下盖子。为打开固定盖子的生锈螺栓，他们使用了切割盘。一名男子在爆炸时受冲击而死亡。财产损失	切割盘产生的火花引起生物发酵罐内的氢气发生爆炸 可能原因：人为失误、受限区域内的易燃混合物以及未提前识别的危险。 点火源：角磨机产生的火花	通过提供足够的循环和/或曝气，避免污水中出现厌氧和停滞条件。使用惰性气体或开顶式屋顶罐以避免可能形成爆炸性混合物的空间。在可能形成爆炸性环境的地方使用无火花工具
皮卡车与牵引氢管拖车的车头发生碰撞(图2.7)。碰撞对管道、阀门、管道和配件造成损坏，导致氢气泄漏和火灾。氢气点燃并烧毁了半挂车后部 报告日期：2010 年 1 月 21 日	拖车司机因钝器外伤死亡。皮卡车司机受伤，没有生命危险。损坏、清理和收入损失估计为 155 000 美元	可能原因：车辆碰撞。 点火源：未明确点火源	增加运输氢气管道的物理保护、屏蔽和固定
炼油厂加氢裂化装置管道破裂并释放含氢爆炸性混合物。炼油厂加氢裂化装置出口管段破裂，释放出包括氢气在内的混合气体，与空气接触后立即被点燃，导致爆炸和火灾 报告日期：2010 年 1 月 12 日	1 名操作工在检查反应堆底部的现场温度面板并试图诊断高温问题时死亡。共有 46 名其他电厂人员受伤。财产损失	在其中一个反应器床引发的过高温度(可能超过 760℃)蔓延至相邻床，并将回流管道的温度和压力升高至故障点 可能原因：未遵守标准操作程序、人为失误和不正确的工程危害分析计算 点火源：未明确点火源	管理层应提供有利于操作员在需要时遵循紧急停机程序的操作环境。应使用一些温度指示器的后备系统，以便在仪器故障时反应器可以安全运行过程危害分析应基于实际设备和操作条件

　　除 H_2 事故数据库外，许多已经或正在开展的其他重要工作，旨在收集和提供过去事故的宝贵信息以协助制定新的安全法规、实践规范和标准，并通过为定性和定量风险评估(quantitative risk assessment, QRA)提供有用数据来预防类似事故。

　　其中，欧洲氢气安全研发架构(Safety of Hydrogen as an Energy Carrier, HySafe)极大地促进了欧洲向基于氢能使用可持续发展的成功过渡。HySafe 正在建设的欧洲氢气事件和事故数据库(European Hydrogen Incident and Accident Database, HIAD)，专门以开放式网络信息系统的形式提供协作和交流数据库[13]。由于其重要性，HySafe 项目在本书第 9 章中介绍。

图 2.7　氢气管拖车事故现场

资料来源: http://www.h2incidents.org/docs/265_1.pdf

参 考 文 献

[1]　Federal Institute for Materials Research and Testing, Hydrogen Safety, German Hydrogen Association, Brussels, 18 – 21, 2002.

[2]　Rigas, F., and Sklavounos, S., Hydrogen safety, in Hydrogen Fuel: Production, Transport and Storage, R. Gupta (Ed.), CRC Press/Taylor & Francis, Boca Raton, FL, 2008, 537 – 538.

[3]　Rigas, F., and Sklavounos, S., Evaluation of hazards associated with hydrogen storage facilities, International Journal of Hydrogen Energy, 30, 1501 – 1510, 2005.

[4]　Institution of Chemical Engineers (IChemE), Accident Database (CD form), Loughborough, U.K., 1997.

[5]　Rosyid, O.A. System-Analytic Safety Evaluation of the Hydrogen Cycle for Energetic Utilization, Dissertation, Otto-von-Guericke University, Magdeburg, Germany, 2006.

[6]　Khan, F.I., and Abbasi, S.A., Major accidents in process industries and an analysis of causes and consequences, Journal of Loss Prevention in the Process Industries, 12, 361 – 378, 1999.

[7]　Bethea, R.M. Explosion and Fire at Pasadena, Texas, American Institute of Chemical Engineers, New York, 1996.

[8]　Ministère chargé de l'environnement, France, Explosion dans une unite de craquage d'une raffinerie, No 19423, 2000.

[9]　Center for Chemical Process Safety. Guidelines for Hazard Evaluation Procedures, American

Institute of Chemical Engineers, New York, 1992, 69.

[10] Warren, P. Hazardous Gases and Fumes, Butterworth-Heinemann, Oxford, 1997, 96.

[11] Zuettel, A., Borgschulte, A., and Schlapbach, L. (Eds.), Hydrogen as a Future Energy Carrier, Wiley-VCH Verlag, Berlin, Germany, 2008, 14 – 20.

[12] Hord, J. Is hydrogen a safe fuel? International Journal of Hydrogen Energy, 3, 157, 1978.

[13] Kirchsteiger, C., Vetere Arellano, A. L., and Funnemark, E., Towards establishing an international hydrogen incidents and accidents database (HIAD), Journal of Loss Prevention in the Process Industries, 20, 98, 2007.

第3章 氢 特 性

3.1 一 般 特 性

依据单原子核自旋模式的不同,可以定义氢的不同类型:$o-H_2$(正氢,ortho-hydrogen);$p-H_2$(仲氢,para-hydrogen);$e-H_2$(平衡氢,equilibrium hydrogen);$n-H_2$(正常氢,normal hydrogen)。其中 $e-H_2$ 对应一定温度下的平衡浓度。

正常氢是室温环境中(293.15 K 或 20℃)75%的正氢和25%的仲氢在热平衡条件下的混合物。这两种氢的区别在于分子中单原子核自旋的相对状态不同。正氢原子的单原子核以相同的方向自旋(对称的平行核自旋,↑↑),仲氢原子的单原子核以相反的方向自旋(反对称的反平行核自旋,↑↓)[1]。

氢气从室温(RT)冷却至正常沸点(NBP=21.2 K)过程,正氢的平衡浓度从室温时的75%降至 77 K 时的50%,最后在正常沸点时降至0.2%。非催化转化速率非常慢,77 K 时转化的半衰期超过一年。正氢转化为仲氢是放热反应,转化热与温度有关[2]。75%的 $o-H_2$ 的转化热为 670 J/g,远高于其蒸发热 447 J/g。由于该内部生热机制,储存容器中损失大量氢,仅 48 小时损失率就达到30%[3]。因此,LH_2(液氢)的生产设备应采用催化剂加快转化速率。许多表面活性材料和顺磁性材料都能催化正氢向仲氢的转化。例如,$n-H_2$ 可吸附在经液氢冷却的木炭上,在平衡混合物($e-H_2$)中解吸。如采用高活性木炭,仅需数分钟即可完成转化。其他合适的转化催化剂包括金属(如钨、镍),或任何一种顺磁性氧化物(如铬或钆的氧化物)。在不破坏氢键的情况下,原子核反向自旋[1,3]。

这两种形式的氢物理性质略有不同,但化学性质本质上相同,因此在化学危害方面具有相同的化学特性[4]。

表 3.1 列出了氢的热物理、化学和燃烧特性[1,4-12]。该表还列出了与氢作为发动机燃料用途有关的一些关键特性参数,也给出了很有前景的发动机燃料甲

表3.1　氢气、甲烷和汽油的性质比较

特 性 参 数	数 值			
	氢 气	甲 烷	汽 油	参考文献
相对分子质量	2.016	16.043	约107.0	[6,8,11]
熔点/K	14.1	90.68	213	[11,12]
沸点/K	20.268	111.632	310~478	[4,6,8,11,12]

续表

特 性 参 数	数　　　值			
	氢 气	甲 烷	汽 油	参考文献*
临界温度/K	32.97~33.1	190	—	[11,12]
临界压力	1.8 MPa(或 12.8 atm)	4.6 MPa	—	[11,12]
NBP 下蒸气密度/(kg/m³)	1.338	73.4	—	[1,4,12]
NBP 下液体密度/(kg/m³)	70.78	423.8	745	[1,4,12]
NTP 下气体密度/(g/m³)	82(300 K) 83.764	717 651.19	5 110 ~4 400	[7,8]
STP 下气体密度/(g/m³)	84 89.87	650 657 (298.2 K)	4 400	[1] [11,12]
14.1 K 时的熔化热	58(kJ/kg)	0.94 (kJ/mol)	—	[11]
汽化热/(kJ/kg)	445.6 447	509.9	250~400	[1,11]
燃烧热(低)/(kJ/g)	119.93 119.7	50.02 46.72	44.5 44.79	[1,4,8] [7]
燃烧热(高)/(kJ/g)	141.86 141.8 141.7	55.53 55.3 52.68	48 48.29 —	[1,4,8] [1] [7]
NTP 下空气中的燃烧极限/vol%	4.0~75.0 —	5.3~15 —	1.0~7.6 1.2~6.0 1.4~7.6	[1,4,6,8] [7] [12]
NTP 下氧气中的燃烧极限/vol%	4.1~94.0	—	—	[4]
NTP 下空气中的爆轰极限/vol%	18.3~59.0 13.5~70	6.3~13.5 —	1.1~3.3 —	[1,4,6,8] [9]
NTP 下氧气中的爆轰极限/vol%	15~90	—	—	[4]
空气中的化学计量组成/vol%	29.53	9.48	1.76	[1,4,8]
空气中的最小点火能/mJ	0.017 0.02 0.14	0.29 0.28 —	0.24 0.25 0.024	[1,4,8] [7] [6]
自燃温度/K	858	813	501~744 500~750	[1,4,8] [7]

续表

特 性 参 数	数　　　值			
	氢 气	甲 烷	汽 油	参考文献
空气中的绝热火焰温度/K	2 318 —	2 148 2 190	约 2 470	[1,4,6~8] [7]
火焰辐射分数/%	17~25	23~33	30~42	[4,6,8]
NTP 下燃烧速度/(cm/s)	265~325	37~45	37~43	[4,8]
STP 下燃烧速度/(cm/s)	346	45	176	[1]
NTP 下爆轰速度/(km/s)	1.48~2.15	1.39~1.64	1.4~1.7	[4,8]
STP 下爆轰速度/(km/s)	1.48~2.15	1.4~1.64	1.4~1.7	[1]
NTP 下化学计量比混合物的能量/ (MJ/m^3)	3.58	3.58	3.91	[10]
蒸气声速/(m/s)	305	—	—	[4]
液态声速/(m/s)	1 273			[4]
NTP 下扩散系数/(cm^2/s)	0.61	0.16	0.05	[4,6,8]
STP 下扩散系数/(cm^2/s)	0.61	0.16	0.05	[1]
NTP 下浮力速度/(m/s)	1.2~9	0.8~6	无浮力	[4,8]
极限氧指数/(vol%)	5.0	12.1	11.6	[1,8]
NTP 下最大试验安全间隙/cm	0.008	0.12	0.07	[4,8]
NTP 下淬熄距离/cm	0.064	0.203	0.2	[4,7,8]
NTP 下爆轰诱导距离	L/D~100	—	—	[8]

注：STP(标准温度和压力),273.15 K(0℃),101.3 kPa(1 atm);NTP(常温常压),即293.15 K(20℃),101.3 kPa;NBP(正常沸点),即101.3 kPa下的沸点;vol%指体积百分比。

烷和传统燃料汽油的相应特性参数[6]。在无法获取汽油的关键参数时,用异辛烷蒸气[7]或正庚烷和辛烷的算术平均值表示[8]。

3.2　氢气危险性

检测:在大气条件下,氢气无色无味,在任何浓度下均无法被人体感觉器官察觉。虽然氢气无毒,但可通过稀释空气中的氧气而使人窒息,氧气极限浓度为19.5%(体积浓度),低于此浓度为缺氧环境。此外,由于难以被人察觉,氢气成为一种具有潜在危害的燃料,随时可被点燃。

泄漏:氢气作为能量载体被大规模使用,在相同条件下,氢气从容器和管道的泄漏量约为气态甲烷泄漏量的 1.3 ~ 2.8 倍,约为空气泄漏量的 4 倍。因此密封不能防止氢气泄漏。另一方面,任何工况释放出的氢气都可通过快速扩散、湍流对流和浮力作用迅速分散,从而极大降低危险区域氢气浓度[1]。

漂浮:如表 3.1 所示,在常温常压下(normal temperature and pressure,NTP),氢气密度约为空气的 1/14,因此泄漏的氢气会迅速上浮,从而降低点火危险。然而,氢的饱和蒸气比空气重,在温度上升之前,它会一直贴近地面。在 NTP 下,浮力作用产生的气云移动速度约为 1.2 ~ 9 m/s,实际值取决于空气和蒸气的密度差。因此,LH2 泄漏产生低温高密度燃料蒸气,最初在地面附近移动,其上浮速度比标准状态下的燃油蒸气更加缓慢[4,13]。

火焰可见度:氢气-空气-氧气火焰的辐射光谱主要在红外线和紫外线区域,在白天几乎不可见。因此,任何肉眼可见的氢气火焰都是由空气中的水分或颗粒等杂质造成的。在黑暗中易看到氢火焰。在白天,可通过"热波"和对皮肤的热辐射感知到较为强烈的氢火焰[8]。低压下的氢火焰为淡蓝色或紫色。人员暴露在泄漏的氢火焰中可能会受到严重热烧伤,较为危险。

火焰温度:据测量,空气中 19.6%(体积浓度)的氢气着火的火焰温度为 2 318 K[1]。有关爆燃、爆温和爆压的更多信息,请参阅第 4 章的 4.2 和 4.3 节,该信息由 Gordon - McBride 程序计算得到[5,14]。

燃烧速度:空气中的燃烧速度是燃料-空气混合物在亚音速下的传播速度。对于氢气,该速度范围为 2.65 ~ 3.46 m/s,具体值取决于压力、温度和组分构成。氢气燃烧速度比甲烷高一个数量级(在 STP 条件下,氢气在空气中的最大燃烧速度为 0.45 m/s),这表明它具有较高爆炸潜力,并且难以遏制或阻止其爆炸[1,4]。

火焰热辐射:暴露于氢火焰中会遭受热辐射的严重损害,这在很大程度上取决于大气中的水蒸气含量。实际上,大气中水蒸气会吸收火焰辐射热能,极大降低热辐射强度。氢气火焰在特定距离处的辐射强度取决于大气中水蒸气含量[4]:

$$I = I_0 e^{-0.004\,6wr} \tag{3.1}$$

式中,I_0 为初始强度[能量/(时间·面积)];w = 水蒸气含量(质量百分比);r 为距离(m)。

极限氧指数:极限氧指数是在燃料蒸气和空气的混合物中维持火焰传播的最低氧浓度。对于氢气,在 NTP 条件下,如果混合物中氧气浓度小于 5%(体积浓度),则不会观察到火焰传播[4]。

焦耳-汤姆孙效应(Joule-Thomson effect):当气体通过多孔塞、小孔或喷嘴从高压向低压膨胀时,温度通常会降低。然而,某些实际气体在超过焦耳-汤姆孙(J-T)不可逆膨胀曲线定义的临界温度和压力条件下膨胀时,温度会升高。绝对压力为零时,氢气最高转化温度是 202 K[1]。因此,当温度和压力高于该值时,氢的温度会随着膨胀而升高。就安全性而言,由于焦耳-汤姆孙效应引起的温度升高通常不足以点燃氢气-空气混合物。例如,当氢气从 100 MPa 的压力膨胀至 0.1 MPa 时,氢气温度从 300 K 增至 346 K。温度升高不足以点燃氢气,因为氢气自燃温度在 1 个大气压下为 858 K,在低压下为 620 K。

3.3　液氢的危险性

液态氢(LH_2)极易挥发,因此也具有氢气的各种危害,此外,在处理或存储液态氢时,还需考虑其易挥发性导致的附加危险。

低沸点:氢气在 1 atm 下的沸点是 20.3 K 左右。任何液氢溅到皮肤或眼睛上都可导致冻伤或低体温。吸入低温含氢蒸气或冷气体初期会导致呼吸不适,进一步吸入可能导致窒息。

结冰:空气中的水蒸气结冰堆积可能会堵塞储罐和杜瓦瓶通风口和阀门。压力过大可能会导致机械故障(容器或组件破裂),伴随着氢气喷射,可能导致沸腾液体扩展蒸气爆炸(BLEVE)。

连续蒸发:将氢以液态形式存储在容器中会导致连续蒸发,变为氢气。为了平衡压力,应将氢气泄放到安全地方或暂时安全地收集起来。储存容器应保持正压,以防止空气进入形成可燃混合物。从大气中冷凝或凝固的部分空气或氢气液化过程积累的微量空气均会污染液氢。在对储存容器进行重复填充或加压过程中,凝固空气的量会增加,从而与氢气混合形成爆炸性混合物。

压力升高:例如,在两个阀门之间的管道中,液氢温度最终升至环境温度,导致压力显著上升。标准的存储系统设计通常假定每天的泄漏量相当于液体量0.5%。在理想状态下,液氢在一个大气压下蒸发并加热到 294 K,压缩体积所产生的压力为 85.8 MPa。但是氢具有可压缩性,该压力实际为 172 MPa[4]。

高蒸气密度:从泄漏的液态氢储存容器中释放出来的高密度饱和蒸气导致氢气云在一段时间内沿地面移动或向下移动。这是美国国家航空航天局(NASA)于1980 年在白沙(White Sands)测试基地的兰利研究中心(Langley Research Center)通过实验证明的,后来使用计算流体动力学(CFD)方法进行了有效模拟[13]。

电荷积聚:由于液氢在 25 V 时的电阻率约为 10^{19} Ω·cm,载流容量很小,但这与施加的电压无关。研究表明,流动的液态氢中的电荷积聚不具有显著危害性。

参 考 文 献

[1] Zuettel, A., Borgschulte, A., and Schlapbach, L. (Eds.), Hydrogen as a Future Energy Carrier, Wiley-VCH Verlag, Berlin, Germany, 2008, Chap. 4.

[2] Sullivan, N. S., Zhou, D., and Edwards, C. M., Precise and efficient in situ ortho-para-hydrogen converter, Cryogenics, 30, 734, 1990.

[3] Yucel, S., Theory of ortho-para conversion in hydrogen adsorbed on metal and paramagnetic surfaces at low temperatures, Physics Review B, 39, 3104, 1989.

[4] ANSI, Guide to Safety of Hydrogen and Hydrogen Systems, American Institute of Aeronautics and Astronautics, American National Standard ANSI/AIAA G − 095 − 2004, Chap. 2.

[5] Rigas, F., and Sklavounos, S., Hydrogen safety, in Hydrogen Fuel: Production, Transport and Storage, CRC Press/Taylor & Francis, Boca Raton, FL, 2008, Chap. 16.

[6] Adamson, K.A., and Pearson, P., Hydrogen and methanol: a comparison of safety, economics, efficiencies and emissions, Journal of Power Sources, 86, 548, 2000.

[7] Karim, A., Hydrogen as a spark ignition engine fuel, International Journal of Hydrogen Energy, 28, 569, 2003.

[8] Hord, J., Is hydrogen a safe fuel? International Journal of Hydrogen Energy, 3, 157, 1978.

[9] Baker, W.E., and Tang, M.J., Gas, Dust and Hybrid Explosions, Elsevier, Amsterdam, 1991, 42.

[10] Rosyid, A., and Hauptmanns, U., System analysis: safety assessment of hydrogen cycle for energetic utilization, in Proc. Int. Congr. Hydrogen Energy and Exhibition, Istanbul, 2005.

[11] Kirk-Othmer Encyclopedia of Chemical Technology, Fundamentals and Use of Hydrogen as a Fuel, 3rd ed., Vol.4, Wiley, New York, 1992.

[12] Wolfram Alpha, Computational Knowledge Engine, http://wolframalpha.com.

[13] Rigas, F., and Sklavounos, S., Evaluation of hazards associated with hydrogen storage facilities, International Journal of Hydrogen Energy, 30, 1501 − 1510, 2005.

[14] Gordon, S., and McBride, B.J., Computer Program for Calculation of Complex Chemical Equilibrium Compositions and Applications, NASA Reference Publication 1311, 1994.

第4章 氢的危害性

氢的危害性主要包括生理性危害(窒息和冻伤等)、物理性危害(部件故障和脆化)和化学性危害(燃烧或爆炸)。其中化学性危害主要指意外情况下,氢气与空气混合形成可燃或爆炸性混合物。只有设计人员和操作人员充分认识氢的危害性后,才能保证在处理和使用氢过程中的安全性。其实,氢的危害性与我们常规使用的汽油或天然气相当,但其本质完全不同。

大多数氢气危害源于其无色无味,因此泄漏不会被人体感官所察觉。所以工业上常用氢传感器检测氢气泄漏。相比之下,天然气也是无色无味的,但在工业中,通常会在天然气中添加硫醇类物质作为气味剂,使其易被人们察觉。然而所有已知的气味剂均会污染燃料电池(氢的普遍应用之一),并且这在食品应用中也是不允许的(例如食用油氢化)[1]。

4.1 生理性危害

氢对人的伤害可以用暴露于火焰、热辐射、极低温度或空气冲击波所造成的伤亡情况来表征。当氢气积聚导致空气中氧气含量低于19.5%(体积浓度)时,便会存在窒息危险。皮肤直接接触低温氢气或液态氢会导致皮肤麻木和发白,甚至造成冻伤。由于液氢温度较低,导热系数较高,导致其风险高于液氮。因此,氢气泄漏,以及与空气混合导致的火灾或爆炸会造成现场人员受到多种形式的伤害[1-4]。

4.1.1 窒息

氢气无毒性,不会造成任何急性或慢性的生理性危害。人体吸入氢气的副作用主要是嗜睡和声调变高。但是,当空间内的部分空气被氢气(或任何其他无毒气体)置换,使得氧气体积浓度低于19.5%时,可能会引发窒息。基于氧浓度的窒息后果分级如表4.1所示。

表 4.1 空气中存在氢气时窒息的分级[1-4]

氧的体积浓度/%	后　　　果
15~19	可能会导致心脏、肺或循环系统存在问题的患者工作能力下降和出现早期症状
12~15	呼吸急促,脉搏加快,身体协调性变差
10~12	头晕,判断力降低,嘴唇微青

氧的体积浓度/%	后　　　果
8~10	恶心、呕吐、意识不清、面色苍白、昏厥、精神失常
6~8	8 min 后死亡。6 min 内治疗可恢复的概率 50%、死亡概率 50%，4~5 min 内治疗恢复概率 100%
4	40 s 后昏迷，抽搐，呼吸停止，死亡

4.1.2　热烧伤

　　人体吸收氢气火焰释放的辐射热容易引起热烧伤。由于氢燃烧时不生成碳，并且生成的水蒸气可吸收部分热量，因此与碳氢化合物相比，氢气火焰的辐射热明显较少。人体吸收的辐射热与诸多因素呈正比，包括暴露时间、燃烧速率、燃烧热、燃烧表面尺寸和空气条件（主要包括气流和湿度）。氢气火焰在白天几乎看不到，这也是接近氢气喷射火焰的受害者会遭受严重热烧伤的原因之一。氢气燃烧持续时间仅有碳氢化合物的五分之一甚至十分之一。因此，氢气火灾导致的危害性更低，具体原因包括以下方面：

　　1）快速混合和高速传播导致氢燃烧速率较高；

　　2）浮力较大；

　　3）液态氢的蒸发速率较高。

　　尽管氢的最高火焰温度与其他燃料差异不大，但是来自火焰面的辐射热仅是其燃烧热的一部分，这一点与天然气燃烧类似。

　　热烧伤造成的损害程度取决于它的位置、深度以及所波及的身体表面积。热烧伤程度可根据其在受害者体内的深度进行分类：

　　1）一度烧伤(first-degree burn)是浅表性的，会引起皮肤局部炎症，表现为疼痛、发红和轻度肿胀；

　　2）二度烧伤(second-degree burn)更加严重，除了疼痛、发红和发炎外，皮肤会出现水泡；

　　3）三度烧伤(third-degree burn)程度进一步加重，波及所有皮肤表层，实际上已经彻底损害了该区域的皮肤组织。由于神经和血管受损，三度烧伤表观呈白色和皮革状，并且相对而言疼痛感降低。

　　热烧伤程度不是一成不变的，可能会发生恶化。在几个小时内，一度烧伤可能波及更深的身体组织并加重为二度烧伤，类似于晒伤次日皮肤会起水泡。同理，二度烧伤也可能演变为三度烧伤。

　　通常，热辐射通量的暴露水平可能导致的后果如表 4.2 所示[1-5]。

表 4.2 热辐射通量对人体的危害准则[1-5]

热辐射强度/(kW/m²)	作用在人体的后果
1.6	长时间暴露无损害
4~5	暴露 20 s 后有疼痛感;暴露 30 s 后导致一度烧伤
9.5	即刻的皮肤反应;暴露 20 s 后导致二度烧伤
12.5~15	暴露 10 s 后导致一度烧伤;1 min 后导致 1%致死率
25	暴露 10 s 后导致严重损伤;暴露 1 min 后导致 100%致死率
35~37.5	暴露 10 s 后导致 1%致死率

热辐射对人体的影响是热辐射通量和暴露时间的函数。因此,人们普遍认为,热辐射的危害应当用热剂量来表示,如下式所示:

$$热剂量 = I^{4/3}t \tag{4.1}$$

其中,I 表示辐射热通量,kW/m²;t 是持续暴露时间,s。紫外线或红外线辐射导致一度、二度和三度烧伤的热剂量阈值如表 4.3 所示。该表基于动物皮肤或核爆炸数据实验得出,从中可发现红外线辐射比紫外线辐射的危害更大。

表 4.3 紫外线或红外线辐射引起的辐射烧伤数据[3]

热烧伤程度	热剂量阈值/(kW/m²)⁴ᐟ³	
	紫 外 线	红 外 线
一度	260~440	80~130
二度	670~1 100	240~730
三度	1 220~3 100	870~2 640

基于上述热剂量数据,将导致暴露人群中 1%致死率的剂量定义为危险剂量。

此外,仅针对红外辐射确定 LD_{50} 值(受照人群致死率为 50%时对应的辐射剂量)。英国健康与安全执行局(HSE)建议将 2 000(kW/m²)⁴ᐟ³ 作为海上和天然气设施建设的参考值[5]。

但是,这些数据仍可用于后果的定量风险评估(QRA)。因此,概率统计方法更适用于评估某个剂量水平下人员伤亡风险。在概率统计中,概率分布函数是与标准正态分布相关的逆累积分布函数或分位函数。因此,可以通过公式(4.2)计算出人员伤亡和建筑物破坏的概率 P:

$$P = 50\frac{1 + (\gamma - 5)}{|\gamma - 5|} + \text{erf}\frac{|\gamma - 5|}{\sqrt{2}} \tag{4.2}$$

其中,γ 为概率函数值,可依据表4.4计算得到;$\mathrm{erf}(x)$ 为误差函数。误差函数是一种特殊的 S 型函数,常出现在概率统计和偏微分方程中,其定义式为

$$\mathrm{erf}(x) = \frac{2}{\sqrt{\pi}} \int_0^x e^{-t^2} \mathrm{d}t \qquad (4.3)$$

一些可用于确定一度或二度烧伤概率的概率函数形式汇总于表4.4,这些概率函数也可作为辐射热通量函数来计算致死率[5-10]。

表 4.4 人体热剂量的概率函数[5]

概　率	概率函数形式	备　注
一度烧伤(TNO)[6]	$\gamma = -39.83 + 3.018\,6\ln V$①	基于 Eisenberg 模型获得,但考虑红外辐射
二度烧伤(TNO)[6]	$\gamma = -43.14 + 3.018\,6\ln V$①	基于 Eisenberg 模型获得,但考虑红外辐射
致死(Eisenberg)[7]	$\gamma = -38.48 + 2.56\ln V$①	基于广岛和长崎核数据获得(紫外辐射)
致死(Tsao 和 Perry)[8]	$\gamma = -36.38 + 2.56\ln V$①	考虑红外线影响,对 Eisenberg 模型进行修正(2.23 因子)
致死(TNO)[9]	$\gamma = -37.23 + 2.56\ln V$①	考虑人体着装影响,对 Tsao 和 Perry 模型进行修正(14%)
致死(Lees)[10]	$\gamma = -29.02 + 1.99\ln V$②	考虑人体着装影响,基于紫外线源下的猪皮实验鉴定皮肤损伤,加入了烧伤致死率信息

注:① $V = I^{4/3}t$,热剂量,单位$(\mathrm{W/m^2})^{4/3}\mathrm{s}$;② $V = F \times I^{4/3}t$,其中,对于正常着装人员 $F=0.5$,当服装着火时 $F=1.0$。

在表4.4给出的表达式中,针对暴露于氢火焰中的损伤概率计算,基于 Tsao 和 Perry 的计算结果可能相对保守,而 Eisenberg 概率可能会低估氢火焰中的致死率,因为该模型未考虑红外线。此外,与 Tsao 和 Perry 模型相比,Eisenberg 模型更适于碳氢化合物。对于氢气火焰,其最佳估计值介于这两个概率函数结果之间,但更接近 Eisenberg 模型结果。

4.1.3　低温冻伤

接触极冷的流体或冷的容器表面可能会导致低温冻伤。与其他低温液体类似,为保持液氢的超低温,如今承装液态氢的容器均为带真空夹套的双层超绝热结构。如此设计可在检测到容器内外壁破裂时安全地排放氢气。坚固结构和冗余安全设计极大降低了人员接触可能性。

冻伤是由于细胞内形成冰晶,使细胞破裂和破坏,从而对机体组织造成损害。与热烧伤类似,冻伤根据其程度进行分级:

1)一度冻伤指的是仅表面皮肤冻伤,称之为冻疮。开始有瘙痒和疼痛感。随

后,皮肤变白并且变得麻木。冻疮一般不会导致永久性伤害。但是,冻疮会导致皮肤长期的冷热敏感性。

2)二度冻伤指的是进一步降低温度,皮肤可能会结冰而变硬,而深层组织则被保留下来并保持正常柔软度。该级别的伤害通常在 1~2 天后起水泡。水泡可能变硬变黑。但它们通常看起来比实际情况更差。尽管该区域可能仍然长期对冷热敏感,大多数此类损伤可在 3~4 周内治愈。

3)更进一步的低温冷冻条件下,会造成三度和四度冻伤(third- and fourth-degree injuries),从而导致深度伤害。表现为肢体坚硬麻木,且暂时失去行动能力,严重情况下会永久失去行动能力。冻伤区域为深紫色或红色,通常出现充满血液的水泡。这种严重冻伤可能会导致手指和脚趾脱落。

4.1.4 低体温

如果不采取适当预防措施,接触大量泄漏的液态氢可能导致低体温。当体温降至 35℃以下时会出现低体温,体温低于 32.2℃时会危及生命。低体温主要初始症状是精神状态下降,导致决策能力受损,可导致进一步的安全隐患。疲劳或嗜睡、言语变化和迷失方向也是典型症状。受影响的人会表现出醉酒状态。身体逐渐失去诸如发抖之类的保护性反射,而这是一种重要的人体生热防御机制。其他肌肉功能也会衰退,使人无法行走或站立。最终患者失去知觉。

对于经验不足的人而言,识别低体温较为困难,因为其初期症状类似于精神和运动功能障碍的其他病症,例如糖尿病、中风、酗酒或吸毒。最重要的是要意识到这种可能性,并做好干预准备。治疗包括使用毯子或其他升高体温的方法缓慢加热患者的身体,体温每小时提升应不超过几度。

4.1.5 超压损伤

冲击波对人体的影响可能是直接的也可能是间接的。主要的直接影响是压力陡增可能会损坏对压力敏感的器官,例如肺和耳朵。间接影响是由于爆炸导致构筑物毁坏产生的碎片、破片和碎屑对人体的损害。或由于爆炸产生的冲击波以及随后与坚硬物体碰撞而导致人体剧烈摇晃。表 4.5 给出了对人体造成伤害所需的超压阈值示例[5,11]。

表 4.5 超压对人体的损伤准则[5,11]

超 压/kPa	损 害 后 果
直接损害	
13.8	鼓膜破裂阈值
34.5~48.3	50%的鼓膜破裂概率

续表

超　压/kPa	损 害 后 果
68.9~103.4	90%的鼓膜破裂概率
82.7~103.4	肺出血阈值
137.9~172.4	50%的肺出血死亡概率
206.8~241.3	90%的肺出血死亡概率
48.3	爆炸性内伤阈值
482.6~1 379	冲击波作用即刻死亡
间接损害	
10.3~20.0	压力波作用导致人员倾倒
13.8	撞击到障碍物上可能导致死亡
55.2~110.3	站立的人会被抛射到远处
6.9~13.8	抛射物造成皮肤撕裂的阈值
27.6~34.5	50%的抛射物砸伤致死概率
48.3~68.9	90%的抛射物砸伤致死概率

　　然而,正如前面讨论的热辐射效应一样,爆炸产生的冲击波会由于超压和持续作用时间的耦合效应而导致超压伤亡。同样,基于 QRA 方法评估时,可在文献找到许多情况的概率方程,包括峰值超压、爆炸冲量或各种尺度碎片作为自变量,导致人员因肺出血、头部或全身撞击而死亡的概率方程[5]。

4.2　物理性危害

　　氢最重要的物理危害,既包括与氢分子量小有关的危害,也包括与氢通常在低温下储存有关的危害。

4.2.1　氢脆

　　氢脆(在本书11.1节中还将进行讨论)是指金属暴露在氢气中被腐蚀变脆并产生小裂纹的过程。这是一种长期影响,是由于长期使用氢气系统造成的。密闭系统的金属和非金属材料机械性能可能会退化和失效,导致燃料溢出和泄漏,从而对周围环境造成危害。在后一种情况下造成的大多数危害通常由破裂后的氢气泄漏着火引起。因此,维修和改造涉氢管道和设备应经过详细设计和测试。

　　氢脆机理尚不完全明确,但已知某些因素会影响氢脆速率,如氢气浓度、环境压力和温度、氢气纯度、暴露时间以及应力状态、物理和机械性能、材料微观结构、表面条件和裂纹前缘性质(图 4.1)[12,13]。

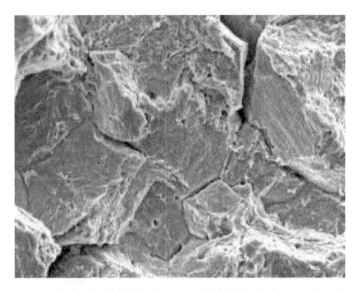

图 4.1　氢脆引起断裂的扫描电子显微镜图像(放大 2 000 倍)。该失效模式是由于氢原子被吸收到材料中,在晶界处积聚,并施加内部拉伸应力

4.2.1.1　氢脆类型

氢脆主要包括以下 3 种类型。

1) 环境氢脆(environmental hydrogen embrittlement):金属和合金在氢气环境可能发生塑性变形,导致表面裂纹增加,延展性和断裂应力降低,且裂纹首先出现在表面。

2) 内部氢脆(internal hydrogen embrittlement):某些金属吸收氢导致其过早失效,且在内部产生裂纹。

3) 反应氢脆(hydrogen reaction embrittlement):金属的一种或多种成分与吸收的氢发生化学反应引起反应氢脆,如氢与钢中的碳形成脆性金属氢化物或甲烷。这种现象在高温下会加剧。

4.2.1.2　机械性能退化

在含氢环境中,许多金属和合金的机械性能会显著降低,有研究[14-16]表明:

1) 金属(或合金)的氢敏感性随金属强度的增大而增加;

2) 在 200~300 K(约−73~27℃)温度区间,内部氢脆和环境氢脆速率最高,而

反应氢脆在高于室温的温度下发生;

　　3) 钢对氢脆的敏感性随氢纯度的增大而增加;

　　4) 氢脆的敏感性通常随拉伸应力的增大而增加;

　　5) 氢脆通常会由于裂纹扩展而导致金属疲劳。

4.2.1.3　氢脆主要致因

1. 表面和表面膜影响

　　亚稳态奥氏体不锈钢(如 304 不锈钢)的氢相容性在很大程度上取决于金属表面光洁度。通过去除机械加工层,可最大限度减少表面裂纹并将延展性损失降至最低。研究发现,金属表面天然氧化膜渗透率低于金属,因此它们会限制氢的吸收,并控制脆化程度。用于减少氢吸收的合成表面膜应在其工作温度下具有良好的延展性。通常推荐使用能在较宽温度范围保持延展性的铜和金[13]。

2. 电火花加工影响

　　在金属制造过程中通常采用电火花加工孔、槽或其他空腔,这会加剧氢脆。在这种方式中,放电可将氢引至机械加工部件。氢通过放电时所用的介电流体(通常是油或煤油)分解而产生。

3. 氢俘获位点影响

　　氢可能被俘获到金属结构内的多种位点,包括位错、晶粒和相界、间隙或空位群、空隙或气泡、氧或氧化物夹杂物、碳化物颗粒和其他材料缺陷。俘获在低温下较为明显,不同环境温度下氢脆程度也不同。

4.2.1.4　氢脆控制

　　通常情况下,如果环境气体干燥,不锈钢比普通钢更耐氢脆,并且纯铝和许多铝合金都比不锈钢更耐氢脆。正如在第 7 章、第 10 章和第 11 章中所述,氢燃料系统的所有组件应由与氢相容的材料制成[12]。

　　防止氢脆措施包括:采用氧化物涂层、消除应力集中、在氢气中加入添加剂、设计适当的晶粒尺寸以及合理选择合金材料[13]。此外,可通过以下措施有效消除金属中的氢脆:

　　1) 铝对氢的敏感性低,可将其用作结构材料;

　　2) 设计由中强度钢(用于氢气)和不锈钢(用于液态氢)制成的结构部件,应增加厚度和表面光洁度,并采用先进焊接技术;

　　3) 在缺乏测试数据支撑情况下,金属部件抗疲劳性设计需大幅提高(可提高

至 5 倍);

　　4) 不使用铸铁和易生成氢化物的金属或合金作为储氢结构材料;

　　5) 低于室温的环境温度通常会降低反应氢脆;

　　6) 在 200~300 K(约 -73~27℃)温度区间,环境氢脆和内部氢脆通常会增强。

4.2.2　结构材料的热稳定性

4.2.2.1　低温力学性能

　　出于安全原因考虑,结构材料选择主要基于其力学性能,例如屈服强度和拉伸强度、延展性和冲击强度。考虑到非操作条件(如氢气),应在操作温度范围内指明材料力学性能的最小设计值。材料性能应保持稳定,且晶体结构不随时间或重复热循环发生相变[13]。

　　低温条件下金属和合金行为的主要考虑因素如下:

　　1) 在低温下从韧性转变为脆性;

　　2) 在极低温度下遇到的某些非常规塑性变形模式;

　　3) 由于低温下晶体结构产生相变,机械和弹性性能发生变化。

　　在选择用于储存液氢的结构材料时,需考虑的主要热性能是低温脆化和热收缩。

4.2.2.2　低温脆化

　　在较低温度下,许多材料会从韧性转变为脆性。这种变化可能会导致储氢容器或储氢管故障并引发事故。1944 年,在克利夫兰(Cleveland)发生了一起这样的事故,事故原因是液化天然气(LNG)储罐低温脆化,该储罐由 3.5% 的镍钢制成,容量为 4 248 m³。该储罐破裂并泄放了 4 163 m³ 的液化天然气,天然气扩散到附近的下水道后被点燃。由于多米诺效应,附近一个储罐在大火中坍塌,储罐内燃料泄漏并被点燃,其火焰冲至约 850 m 高度。事故导致 128 人死亡,200~400 人受伤,财产损失约为 680 万美元(以 1944 年的美元货币计量)[13]。

　　材料延展性通常由夏比冲击试验(Charpy impact test)确定。图 4.2 中显示了几种材料在不同温度下的夏比冲击试验结果。

　　图 4.2 表明随着温度升高,9% 镍钢延展性逐渐丧失,201 不锈钢在低于 280 K(约 7℃)时和 C1020 碳钢在低于 120 K(约 -153℃)时出现逐步脆化现象。表明这些材料不适于储存液氢。2024 - T4 铝的延展性在低温下不会发生显著变化,但在储存容器设计中应考虑其低强度的特性。304 不锈钢的夏比冲击强度随着温度降低而增加,这表明它是制造液化储氢容器和管道的理想材料。

　　材料屈服强度和拉伸强度间的差异也可用于测量其延展性。通常,当这两个

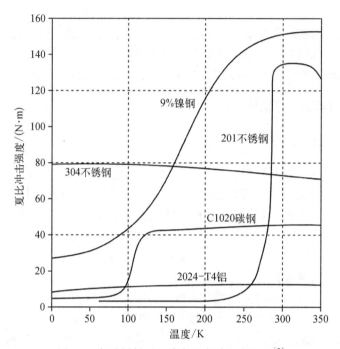

图 4.2 各种材料夏比冲击强度随温度变化[2]

值相差较大时,该材料被视为延性材料。因此,随着低温区域温度降低,5986铝的屈服强度和抗拉强度增大,表明这是适用于储存液氢的材料。然而,AISI 430不锈钢在低温区的这些数值变化不大,表明其不适合与液氢一起使用。

4.2.2.3 热收缩

不同的结构材料具有不同的热收缩系数,这表明在低温条件下,应对其尺寸进行调整。通常,大多数金属从室温(300 K)降低到接近氢气的液化温度(20 K)时的收缩率不到1%,而大多数普通结构塑料的收缩率在1%~2.5%之间[13]。

4.3 化学性危害

4.3.1 一般事项和事故统计

如表3.1所示,应将重点应放在封闭、检测和通风上,因为在常压空气中氢气最小点火能约为0.02 mJ。经验表明,逸出的氢极易被点燃。

为使氢气(作为燃料)着火,需将其与空气(氧气作为氧化剂)混合,且混合物应在燃烧极限范围内。此外根据点火三角形,需有足够能量的点火源,氢才能被点燃。气体都有可能发生泄漏,尤其是氢气,即使尽最大努力也无法完全遏制泄漏的发生。

安全措施包括消除所有可能的点火源。工业事故调查表明,53%的事故是由于泄漏、排气和设备破裂引起,如表 4.6 所示[17]。吹扫或排气事故占 15%,其余32%为氯化氢事件与其他类型事故。在氨合成装置中,大多数事故是由于垫圈和阀门填料泄漏引起的,如表 4.7 所示[18]。航空航天工业为此付出了巨大代价,仅1974 年就有 107 起氢气事故,其中 87 起涉及 GH_2 或 LH_2 释放,如表 4.8 所示[19]。如果不是由设备故障引起的事故,其原因主要是无既定程序或未遵守既定程序。如事故报告所示,导致这些事故的点火源有:电气短路和火花(25%)、静电(18%)、焊接或切割、金属断裂、气体冲击和安全盘破裂(3%~6%)[2]。

表 4.6 工 业 氢 事 故[17]

种　　类	事故数	占比/%
未检测到的泄漏	32	22
氢氧脱气爆炸	25	17
管道和压力容器破裂	21	14
惰性气体吹扫不足	12	8
车辆和排气系统事故	10	7
氯化氢事件	10	7
其他	35	25
总计	145	100

表 4.7 氨合成设备氢气事故[18]

类　　别	事故数	占比/%
垫圈	46	37
设备类	23	18
管道类	16	13
阀门类	7	6
阀门填料	10	8
漏油	24	19
传送头	9	7
辅助锅炉	8	6
一段转化炉	7	6
冷却塔	3	2
电气设备	2	2
复合原因	16	13
总计	125	100

表 4.8　航空航天工业中的氢事故[19]

描　　述	涉及氢泄漏的事故数	占比/%
涉及液态或气态氢释放的事故	87	81
氢泄漏位置：		
空气	71①	66
外壳(管道、容器等)	26①	24
氢泄漏点火：		
空气	44	41
外壳	24	22

注：① 10 起事故中氢气在两个位置出现泄漏。

4.3.2　氢的可燃性

氢气与空气、氧气或其他氧化剂混合物的燃烧极限取决于点火能量、温度、压力、是否存在稀释剂，以及设备、设施或装置的尺寸和配置。可使用其任一组分稀释该混合物，直到其浓度低于燃烧下限(LFL)或高于燃烧上限(UFL)。氢气与空气或氧气混合物的火焰向上传播时其燃烧极限会拓宽，向下传播时其燃烧极限会变窄。

LH₂ 和液氧(LOX)或固态氧的混合物不会自燃。在混合过程，由于所需点火能量较小，这些混合物意外着火会将整个系统点燃[2]。而 LH₂ 和液氧或固态氧在被冲击波冲击时也会爆炸。

在 101.3 kPa(1 atm)和环境温度下，氢气在干燥空气中向上传播的燃烧极限范围为 4.1%(LFL)~74.8%(UFL)。在 101.3 kPa(1 atm)和环境温度下，氢氧混合物在管道中向上传播的燃烧极限为 4.1%(LFL)~94%(UFL)。当压力低于 101.3 kPa 时，燃烧极限范围缩小，如表 4.9 所示[2]。

表 4.9　氢-空气和氢-氧混合物的燃烧极限[2]

工　　况	氢体积浓度/%					
	向 上 传 播		向 下 传 播		水 平 传 播	
	LFL	UFL	LFL	UFL	LFL	UFL
氢-空气和氢-氧混合物，101.3 kPa(1 atm)						
H₂+空气：						
管道中	4.1	74.8	8.9	74.5	6.2	71.3
球形容器	4.6	75.5	—	—	—	—
H₂+O₂	4.1	94.0	4.1	92.0	—	—

续表

工 况	氢体积浓度/%					
	向 上 传 播		向 下 传 播		水 平 传 播	
	LFL	UFL	LFL	UFL	LFL	UFL
氢加惰性气体混合物,101.3 kPa(1 atm)						
H_2+He+21%O_2	7.7	75.7	8.7	75.7	—	—
H_2+CO_2+21%O_2	5.3	69.8	13.1	69.8	—	—
H_2+N_2+21%O_2	4.2	74.6	9.0	74.6	—	—
45 mJ 点火源条件下,低压的氢-空气混合物						

压力/kPa	25 cm 管道		2 L 爆炸球	
	LFL	UFL	LFL	UFL
20	~4	~56	~5	~52
10	~10	~42	~11	~35
7	~15	~33	~16	~27
6	20~30		20~25(6.5 kPa)	

注:"—"表示无可用信息。

4.3.2.1 氢气-空气混合物

在氢气浓度为 20%~30%(体积浓度)时,低能点火源点燃氢气-空气混合物的最低压力约为 6.9 kPa(0.07 atm)[2]。

在 311 K(38℃)环境温度下,由 45 mJ 火花点火源点燃的氢-空气混合物在 34.5~101.3 kPa(0.34~1 atm)压力范围内的 LFL 为 4.5%(体积浓度)。在低于 34.5 kPa(0.34 atm)时 LFL 增大。在氢气体积分数为 20%~30%的氢-空气混合物中,低能点火源可点燃混合物的最低压力为 6.2 kPa(0.06 atm)[20]。然而,使用强点火源时,可能发生点火的最低压力为 0.117 kPa(0.001 2 atm)。

对于向下传播情况,在 101.3 kPa(1 atm)压力下,当温度从 290 K 增至 673 K(17~400℃)时,氢-空气混合物的 LFL(氢的体积浓度)从 9.0%降到 6.3%,UFL(氢的体积浓度)从 75%增至 81.5%。

与甲烷-空气混合物相比,氢-空气混合物具有更宽的燃烧极限和更少的点火能量,因而具有更高的点火敏感性,如图 4.3 所示[21]。

4.3.2.2 氢气-氧气混合物

对于在管道中向上传播的情况,在 101.3 kPa(1 atm)压力下,氢-氧混合物燃烧极限范围为 4%~94%(氢的体积浓度)。压力降低会使 LFL 增大[2]。当氢气体积浓度为 50% 时,最低点火压力为 57 kPa (0.56 atm)。

氢气 LFL 在高达 12.4 MPa(122 atm) 的压力下不会发生变化,而在 1.52 MPa (15 atm)条件下,氢气 UFL 为 95.7%[2]。

当温度从 288 K 上升至 573 K(约 15~300℃)时,氢气 LFL 从 9.6% 降至 9.1%, UFL 从 90% 升至 94%(体积分数)。

4.3.2.3   稀释剂作用

氢气-氧气-氮气混合物燃烧极限如图 4.4 所示[2]。表 4.9 是添加相同浓度惰性气体(氦气、二氧化碳和氮气)时 GH$_2$ 和 GOX 的燃烧极限。表 4.10 是稀释剂氦气、二氧化碳、氮气和氩气在不同管径中对 GH$_2$ 燃烧极限的定性影响[2]。在降低空气中氢气可燃极限方面,氩气是效果最差的稀释剂。

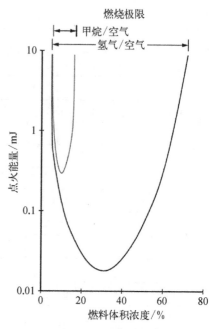

图 4.3   在 101.3 kPa(1 atm)和 298 K(25℃)条件下,氢气-空气和甲烷-空气混合物的最小点火能量[21]

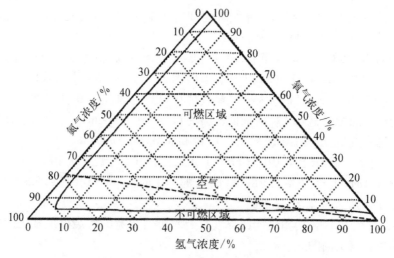

图 4.4   在压力为 101.3 kPa(1 atm)和温度为 298 K(25℃)条件下,H$_2$-O$_2$-N$_2$ 混合物的燃烧极限[2]

注:均为体积百分比。

表 4.10 等浓度稀释剂对空气中 H_2 可燃极限的影响[2]

管径	降低燃烧极限的稀释剂排序
宽管	$CO_2<N_2<He<Ar$
2.2 cm	$CO_2<He<N_2<Ar$
1.6 cm	$He<CO_2<N_2<Ar$

氦气、二氧化碳、氮气和水蒸气对空气中氢气燃烧极限的影响如图 4.5 所示[2]。

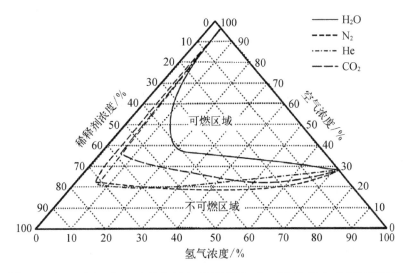

图4.5 在 101.3 kPa(1 atm)的空气中,稀释剂 N_2、He、CO_2 和 H_2O 对氢气燃烧极限的影响[2],N_2、He 和 CO_2 的影响在 298 K(约 25℃)条件下测得,H_2O 的影响在 422 K(约 149℃)条件下测得

注:均为体积百分比。

水蒸气实验测试在 422 K(约 149℃)条件下进行,其他测试均在 298 K(约 25℃)和 101.3 kPa(1 atm)条件下进行。可见,水是降低空气中氢气燃烧极限最有效的稀释剂。

4.3.2.4 卤代烃抑制剂作用

卤代烃抑制剂对氢氧混合物燃烧极限的影响如图 4.6 所示[22]。

表 4.11 比较了 N_2、CH_3Br 和 $CBrF_3$ 对抑制空气中氢扩散火焰的效果[23]。当添加到空气中时,卤化碳抑制剂会更有效。当添加到燃料中时,氮气更有效。

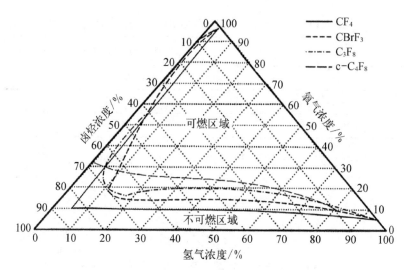

图 4.6   在 101.3 kPa(1 atm)压力和 298 K(25℃)温度下,
卤代烃抑制剂对氢氧混合物可燃极限的影响[2]

注: 均为体积百分比。

表 4.11   熄灭氢扩散火焰的抑制剂[23]

抑　制　剂	熄灭火焰的浓度/%
添加至空气中	
N_2	94.1
CH_3Br	11.7
$CBrF_3$	17.7
添加至燃料中	
N_2	52.4
CH_3Br	58.1
$CBrF_3$	56.6

4.3.2.5   自燃温度

氢气在空气中的自燃温度与在氧气中的自燃温度差别不大。两种情况下的自燃温度不仅取决于 GH_2 浓度和压力,还取决于容器的表面处理工艺。因此,自燃温度极度依赖于测试系统,其结果仅适用于类似系统。在 101.3 kPa(1 atm)时,化学计量比下的氢-空气混合物的自燃温度范围为 773~850 K(500~577℃),而氧气的化学计量下的氢-氧气混合物的自然温度范围为 773~833 K(500~560℃)。在 20~

50 kPa(0.20~0.49 atm)压力下,GH$_2$-空气混合物可在 620 K(347℃)下着火。

4.3.2.6 空气中的淬熄距离

淬熄距离(quenching distance)是指可有效阻止燃料空气混合物火焰顺利穿越并继续传播时的通道间隙尺寸。在平行板结构中,淬熄距离指的是两个扁平电极之间的火花间隙,在该间隙处燃料空气混合物的点火会被抑制。

在常温常压(NTP)下,氢气-空气混合物的淬熄距离为 0.6 mm。但该值取决于可燃气体混合物温度、压力和成分以及电极配置。

燃烧速度更快的气体通常具有较小的淬熄距离。因此,用于较快燃烧气体的阻火器需要较小孔径。文献中指出氢的最小淬熄距离为 0.076 mm[24]。在确定诸如氢气等气态燃料淬熄距离时,有三个主要影响因素:点火能量、混合物成分和压力。

淬熄距离取决于点火能量。例如,0.001 mJ 量级的低点火能量对应 0.01 cm 量级的小间隙。相反,10 mJ 的高点火能量对应 1 cm 的较大间隙[2]。

压力和组分也会影响淬熄距离,该参数在极低压力下会迅速增加。混合比的影响尚未得到确切结论。但是,对于 UFL 和 LFL 之间的确定压力,淬熄距离可能是常数。由于无法获得氢气-空气混合物的特定值,因此可将压力表示为乙炔-空气混合物的爆燃和爆轰临界管径的函数[2]。

4.3.3 点火源

在含有氢气系统的建筑物或特殊空间内,应消除所有点火源或对点火源进行安全隔离,例如明火、电气设备或加热设备。在可能发生不可预见的点火源情况下,操作也应安全进行。

氢气系统的潜在点火源如表 4.12 所示[2]。GH$_2$-空气混合物的点燃通常会导致爆燃,爆燃后果的严重程度远低于爆轰。在密闭或部分密闭容器中,爆燃可能演变成爆轰,这种现象称为爆燃转爆轰(DDT)。几何形状和流动条件(湍流)对 DDT 有较大影响。

表 4.12 潜在点火源[2]

电点火源	机械点火源	热点火源	化学点火源
静电放电	机械冲击	开放火焰	催化剂
静电(如两相流)	拉伸断裂	热表面	反应物
静电(如含固体颗粒的流动)	摩擦磨损	吸烟	
电弧	机械振动	焊接	

电点火源	机械点火源	热点火源	化学点火源
闪电	金属断裂	内燃机排气	
电荷积累		共振点火	
设备运行产生的电荷		炸药	
电气短路		高速射流加热	
电火花		储罐破裂冲击波	
服装静电		爆裂罐的碎片	

注：此表并未穷举全部情况，应警惕其他可能的点火源。

4.3.3.1　电火花

电火花是具有不同电势物体之间的放电结果，例如断路或静电放电。

静电火花可点燃氢-空气或氢-氧混合物。静电可由许多常见物品引起，例如梳理或抚摸头发或毛皮，或运行传送带。当人们在化纤地毯或干燥地面上行走、穿着化纤衣物移动、在汽车座椅上滑动或梳理头发时，人体均会产生静电。与任何其他非导电液体或气体一样，管道中低浓度 GH_2/LH_2 或容器中湍流都会产生静电。此外，在雷暴天气下也可能产生静电[25-27]。

硬物彼此发生剪切接触会产生摩擦火花（friction spark），例如金属撞击金属、金属撞击石材或石材撞击石材。摩擦火花是燃烧材料的飞溅粒子，最初由摩擦和冲击的机械能加热，由于接触而被剪断。手动工具产生的火花通常能量较低，而机械工具（如钻头和气动凿子）会产生高能火花。

坚硬物体相互撞击也会产生冲击火花（impact spark）。冲击火花通常是经由冲击石英岩（如混凝土中的砂）产生，导致冲击材料的小颗粒脱落。

最小点火能（minimum spark energy for ignition）定义为点燃空气或氧气中最易点燃的燃料浓度所需最小火花能量。空气中氢的最小火花能量在 101.3 kPa（1 atm）时为 0.017 MJ，在 5.1 kPa（0.05 atm）时为 0.09 MJ，在 2.03 kPa（0.02 atm）时为 0.56 MJ。在空气中点燃氢气所需最小火花能量远小于甲烷（0.29 MJ）或汽油（0.24 MJ）。然而，上述三种燃料的点火能量都非常低，因此在存在任何弱点火源的情况下都能点火成功，例如火花、火柴、热表面、明火，甚至人体静电放电产生的微弱火花。

4.3.3.2　高温物体和火焰

温度为 773~854 K（500~581℃）的物体可在大气压下点燃氢气-空气或氢气-氧气混合物。在低于大气压力条件下长时间接触后，大约 590 K（317℃）的较冷物体也可点燃上述混合物。明火较易点燃氢-空气混合物。

如果点火源是氢气使用过程中的必要部分,则应制定完善措施遏制可能产生的爆燃或爆轰事故。例如,如果排气管中没有分散良好的水雾抑爆剂,则燃烧室或发动机不应在含有氢气的大气中运行。经验表明,多组喷雾可一定程度降低爆轰压力,并减少排气系统中点火源的数量和温度。但是不应依靠喷雾,以避免爆轰。二氧化碳和喷雾一起使用可以进一步降低危害。

4.3.4 爆炸现象

4.3.4.1 术语和定义

爆炸(explosion)指在反应性和非反应性系统中发生快速的能量释放和压力升高的现象。气体压力容器故障是非反应性爆炸的典型示例,而燃料和氧化剂的预混合气体允许反应系统中的化学反应快速释放能量。爆炸一词在文献中有时会通用,以表示任何形式的剧烈压力升高现象,例如爆燃和爆轰。也有人将术语"爆炸"仅限于指明由于爆燃引起的内部压力的发展而引起的外壳或容器的爆裂现象[28]。

气体爆炸不一定需要通过爆炸源介质传播,尽管在大多数情况下,爆炸涉及某种波,如爆燃波或爆轰波。例如,在体积爆炸(volumetric explosion)中,容器中的爆炸性混合物可加热到足以同时发生快速反应的温度[29]。

爆燃(deflagration)是压力波相对于未反应的介质以亚声波的波速在可燃混合物中传播的燃烧现象。术语爆燃(deflagration)、闪火(flash fire)、燃烧(combustion)、火焰(flame)有时在文献中互换使用。

爆轰(detonation)是指与冲击波耦合的火焰面相对于未反应介质以超声波形式在爆炸性混合物中传播的现象。反应热维持冲击波,冲击波压缩未反应的物质以维持反应。通常,爆轰传播速度比爆燃传播速度快两到三个数量级,导致爆轰波前沿的压力比初始压力高 15～20 倍[29]。这就是爆轰比爆燃更有可能造成人员伤亡或设备损坏的原因。

人们使用术语"开敞空间可燃气云爆炸"(unconfined vapor cloud explosion,UVCE)来表示可燃气态混合物在开放空间中发生爆炸,使用术语"密闭空间可燃气云爆炸"(confined vapor cloud explosion, CVCE)描述它们在密闭空间中爆炸。最近提出的术语"蒸气云爆炸"(vapor cloud explosion, VCE)可在密闭或开敞情况下通用。在这些情况下,是否会发生爆燃或爆轰取决于上文提及的因素。在非常稀或浓的燃料混合物中,火焰前沿以低速在气云中传播,并且压力增加不明显,此种现象称为闪火。

在加压储存液态氢时遇到的另一种爆炸现象是沸腾液体扩展蒸气爆炸

（boiling liquid expanding vapor explosion，BLEVE），它是由于大量加压液体突然释放到大气中而发生。一个典型的主要原因是外部火焰撞击液面以上的容器外壳，从而削弱外壳强度并导致其突然破裂。然后容器内的物质被释放到大气中，如果泄放物易燃，就会被点燃形成近似球形的燃烧云，即火球（fireball），如图 4.7 所示。在燃烧过程中，燃烧能量主要以辐射热形式散发。气云的内核几乎由纯燃料组成，而最先发生点火的外层是燃烧极限内的燃料空气混合物。当热气体的浮力开始占主导地位，燃烧云会上升且其形状呈现为更理想的球形。

图 4.7　当装有高压液化气体（如丙烷或氢气）的储罐因接触火焰或撞击而发生故障时，沸腾液体扩展蒸气爆炸（BLEVE）是最极端的结果

　　BLEVE 的机理是在液体中不存在诸如杂质、晶体或离子之类的成核位点时，可以超过其沸点而不沸腾，从而导致液体过热。然而存在一个极限值，在该极限值之上，液体无法在给定压力下进一步过热，当达到该极限值时，会自发形成微小的气泡而没有成核点。伴随这种现象非常高的成核速率导致形成了通过蒸发液体传播的冲击波。氢和其他一些低温材料的过热极限状态、临界性质和成核速率汇总在表 4.13 中，以供比较[30,31]。

表 4.13　氢和其他一些材料的过热极限状态、临界性质和成核速率[30,31]

物质	临界参数		过热极限状态		正常沸点/K	成核速率/[核/(cm³·s)]
	温度/K	压力/bar	温度/K	压力/bar*		
氢气	32.98	12.93	27.8	5.54	20.3	10^{-2}
甲烷	190.56	45.92	167.6	21.3	111.6	10^5
乙烷	305	49.9	269.2	21.7	184	10^5
丙烷	370	43.6	326.4	18.4	231	10^5
水	647	218	553.0	64.1	373	10^{21}

*这些数值由 Wolfram Alpha Computational Knowledge Engine 计算得到。

当使用 Van der Waals 状态方程时,过热极限温度 T_{sl} 和临界温度 T_c 满足如下关系[30,32]:

$$T_{sl} = 0.84T_c \tag{4.4}$$

或使用 Redlich - Kwong 状态方程关联两参数:

$$T_{sl} = 0.889\ 5T_c \tag{4.5}$$

从表 4.13 可以明显看出,其他气体的成核速率是氢的数百万倍,水的成核速率是氢的 10^{23} 倍。因此,从这个角度来看,与其他液化可燃气体相比,液氢储罐突然失效时,极不可能出现冲击波。含有液氢的容器比高压蒸汽锅炉安全得多,正是因为 BLEVE 现象,高压蒸汽锅炉已经发生了许多灾难性爆炸事故(尽管不可能发生后续的可燃气体爆炸)。

4.3.4.2　爆轰极限

爆轰上限(upper detonation limit)和爆轰下限(lower detonation limit)指的是气体、蒸气、雾气、喷雾或粉尘等可燃物与空气或其他气体氧化剂混合起爆后能够实现稳定爆轰时的最高和最低浓度。爆轰极限取决于周围空间大小和几何形状以及其他因素。因此,应辩证看待文献所给出的爆轰极限。"爆轰极限"与"爆燃极限"及"爆炸极限"不同,不能混淆使用[33]。

氢气和所有其他气体的爆轰极限范围比燃烧极限范围要窄,如表 3.1 所示。当可燃气体意外泄放时,与空气混合接近化学计量比并遇到点火源,就可能发生最严重的情况,即演变为爆轰。气体的爆轰极限浓度在封闭空间内极少出现,对于大多数爆轰下限和爆轰上限非常接近的气体来说,在开放空间不太可能出现。然而对于包括氢气在内的一些气体,爆轰极限范围相当宽,并且容易达到爆轰极限浓度,导致他们比那些爆轰极限范围较窄的气体引发的事故严重得多[34]。

与表 3.1 中列举的其他气体相比,GH_2 的分子扩散速度更快,这意味着任何情况下的泄漏都会迅速与周围空气混合,达到危险浓度,然后降至低于燃烧下限的安全浓度。在 LH$_2$ 泄漏中,首先发生快速蒸发,然后是空气中的分子扩散。另一方面,GH$_2$ 的正浮力可将泄漏物质推动到危险区域的建筑物的较高楼层,或移至露天的安全高度。

除其他因素外,任何燃料-氧化剂混合物的爆轰极限取决于可燃物性质和尺寸。在 101.3 kPa(约 1 atm)和 298 K(约 25℃)时,不同浓度氢-空气混合物爆轰的最小尺寸如图 4.8 所示[35]。

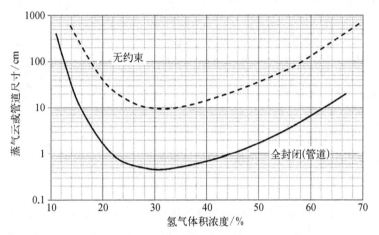

图 4.8　GH$_2$-空气混合物在 101.3 kPa(1 atm)
和 298 K(25℃)下爆轰的最小尺寸[2]

4.3.4.3　点火能量

引发爆轰的最小点火能量(minimum ignition energy)取决于爆炸性混合物中的氢浓度。因此,对于化学计量比的氢-空气混合物(具有最高的灵敏度可导致直接爆轰),最小点火能量相当于大约 1 克特屈儿(tetryl),而对于氢浓度非常高或非常低的混合物(接近爆轰极限),最小点火能增加到几十克特屈儿[2]。

对于低浓度或高浓度混合气(即与化学计量浓度差别较大),稳定爆轰所需的点火能量较大。另一方面,当使用大的点火能量时,可能诱发过驱爆轰(overdriven detonation)。

稳定爆轰参数,如爆轰温度和压力,可通过 Chapman – Jouget 方法使用 Gordon – McBride 计算机代码来计算[36]。

氢-空气混合物和氢-氧混合物的爆轰温度和压力与氢气浓度关系曲线分别如图 4.9 和图 4.10 所示。对于接近化学计量比的氢-空气混合物,其最大值约为 3 000 K 和 1 600 kPa,而对于化学计量比的氢-氧混合物,这些最大值增至约 3 800 K 和 2 000 kPa。

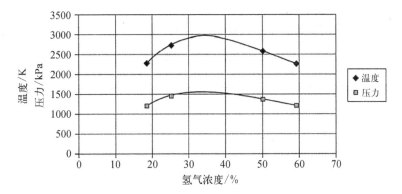

图4.9　101.3 kPa 和 298 kPa 条件下的氢-空气混合物的爆轰压力和温度。通过 Chapman - Jouget 方法使用 Gordon - McBride 计算机代码计算得到[36]

注：氢气浓度为体积百分比。

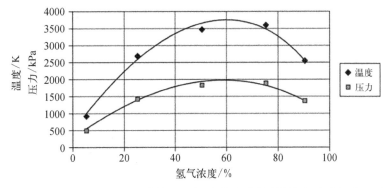

图4.10　101.3 kPa 和 298 kPa 条件下的氢-氧气混合物的爆轰压力和温度。通过 Chapman - Jouget 方法使用 Gordon - McBride 计算机代码计算得到[36]

4.3.4.4　爆轰胞格尺寸

爆轰胞格尺寸(λ)是一个爆轰特征参数。爆轰波阵面不是平面,而是由众多反应胞格组成的,这一点已被烟熏箔上的爆轰波轨迹图案所证实(图4.11)。

根据 Zeldovich、von Neumann 和 Döring 提出的模型(ZND 模型),爆轰波阵面真实结构的二维结构如图4.12 所示。

胞格尺寸在预测爆轰形成时很有价值,且与危险情况的关键参数有关[35,37]。化学计量比的氢-空气混合物和氢-氧混合物在 101.3 kPa(约 1 atm)时的胞格宽度分别为 15.9 mm 和 0.6 mm。当氢气-空气混合物的压力增加时,胞格尺寸减小。氢气-空气爆炸的胞格宽度随着稀释剂(例如二氧化碳和水)浓度的增大而显著增加[2]。

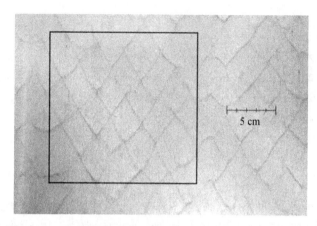

图4.11 一张实际用于记录爆轰胞格尺寸的烟熏箔照片,烟熏箔与管轴对齐,胞格尺寸通常在几毫米到几厘米

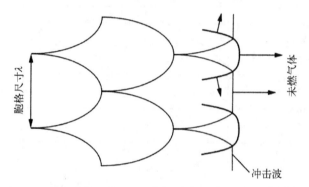

图4.12 爆轰波阵面真实结构的 ZND 模型。图中显示了胞格结构的特征长度,即胞格尺寸 λ

爆轰胞格尺寸(λ)与反应区宽度(δ)的比值取决于混合物组成和初始条件,且在约 0~100 范围内变化(图4.13)。

4.3.4.5 氢-空气爆轰后果

关于燃料意外泄漏并发生爆炸的后果,通常用爆炸能量进行评估。文献中通常可以找到诸如在 NTP 空气中 1 g 化学计量比的氢爆炸能量相当于 24 g TNT 等描述,但这并没有考虑氧化剂的重量(如上述情况下的空气重量),其结果具有误导性。如果将空气计算在内,化学计量比的氢-空气混合物仅产生等重量 TNT 爆炸能量的三分之二。这种差异可用空气中氮的稀释效应来解释。此外,在一次意外泄漏中,氢气与空气的混合并不充分,因此只会产生理论能量的一小部分。

决定爆炸灾难性后果的其他因素是爆炸物的初始密度(TNT 比氢-空气混合物

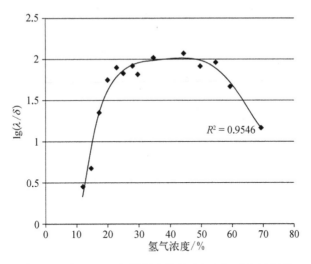

图 4.13   在 300 K 时,爆轰胞格尺寸(λ)与反应区宽度
(δ)的比值与氢-空气混合物组成的关系

注:氢气浓度为体积百分比。

高 3 个数量级)和爆轰速度(TNT 比氢高 3~5 倍)。因此,氢气爆炸产生的压力波
比 TNT 更为平缓(持续时间更长,峰值超压更低),破坏作用主要是由脉冲而不是
超压引起。

考虑到爆燃的后果,设计爆燃抑制系统通常需考虑的参数包括峰值压力、爆燃
指数、基本燃烧速度和有效燃烧速度[28]。

峰值压力 P_{max} 是密闭容器内爆燃所产生的最大压力,该压力是在较宽浓度范
围内进行大量测试而确定的。

爆燃指数 K(bar·m/s)可由最大压力上升速率$(dP/dt)_{max}$和容器体积 V 算得

$$K = (dP/dt)_{max} \times V^{1/3} \tag{4.6}$$

用 K_G 和 K_{St} 分别表示气体和粉尘的爆燃指数。

较大体积的容器内爆炸压力上升的速度较慢,因此与较小体积相比,用于爆炸
泄压的时间更长。爆燃指数测量在 20 L 或 1 m³(或更大)的密闭球体内进行,结果
可根据上述立方根关系按比例放大至实际工艺容器体积。

根据实验获取的 K_{St} 值可确定粉尘爆炸危害等级(ST):

ST 0,K_{St} = 0 bar·m/s;

ST 1,K_{St} = 1~200 bar·m/s;

ST 2,K_{St} = 201~300 bar·m/s;

ST 3,K_{St} > 300 bar·m/s。

目前尚未开发出针对蒸气和气体爆炸的分类体系,仅有少量针对气体的数据结果。为进行比较,将大型测试设备中粉尘和气体典型 P_{max} 和爆燃指数汇总于表 4.14[38]。与其他气体相比,氢的危害性更高,但远低于铝粉的危害性。

表 4.14 某些气体和粉尘的峰值压力和爆燃指数[38]

气体或粉尘	P_{max}/bar	K_G 或 K_{St}/(bar·m/s)
甲烷	8.4	58
煤粉	8	70
丙烷	8.3	103
纤维粉	8	140
氢气	8.2	503
铝粉	13	1 000

用于气体和蒸气爆炸的爆燃抑制系统设计需充分考虑层流和湍流状态下的混合条件。有效湍流燃烧速度通常至少是相同混合物层流燃烧速度的四倍。

4.3.4.6 热辐射和冲击波对结构的破坏

结构和设备暴露于辐射热流或直接接触火焰可能遭受破坏,如表 4.15 所示。关于 QRA 评估方法,目前在与结构和设备的热效应相关的文献中没有可用的概率函数,对人体的影响也是如此。因此,在这种情况下只能使用简化数据,例如表 4.15 中所展示的数据。然而,使热辐射达到有效破坏性所需的暴露持续时间相当长,因此认为氢的热辐射对结构和设备的影响并不显著。

表 4.15 热辐射对结构和设备的破坏形式[5]

热辐射强度/(kW/m²)	破 坏 形 式
4	玻璃破裂(暴露 30 min)
12.5~15	木材引燃,塑料熔化(暴露超过 30 min)
18~20	电缆绝缘性能下降(暴露超过 30 min)
10 或 20	燃油点火(分别为 120 s 或 40 s)
25~32	木材自燃、钢材变形(暴露时间超过 30 min)
35~37.5	工艺设备和结构损坏(包括储罐,暴露时间超过 30 min)
100	钢结构倒塌(暴露时间超过 30 min)

冲击波超压对结构和设备造成的破坏如表 4.16 所示。冲击波的峰值超压和冲量与结构的轻微损坏、严重损坏、整体损坏或倒塌之间的概率函数可在文献中获得,以用于 QRA 评估[5]。

表 4.16 冲击波超压对结构和设备的破坏形式[5]

超压/kPa	破 坏 形 式
1	玻璃破碎阈值
15~20	无钢筋混凝土或矿渣墙的倒塌
20~30	工业钢框架结构的倒塌
35~40	管道桥位移;管道破损
70	建筑完全破坏;重型机械破坏
50~100	圆柱形储罐位移;管路破坏

4.3.4.7 储氢设施安全距离

安全距离定义为危险源(如可燃气体泄漏)与受保护对象(如人或建筑物)之间可接受的最小间距。这个距离是氢浓度的函数,因此通常将其称为浓度-距离关系。对物体和安全距离的影响取决于物理上定义的标准特定阈值,如热辐射剂量、毒性剂量或爆炸波的峰值超压。

GH_2 和 LH_2 在设计和运行方面的安全距离在美国由职业安全与健康管理局(OSHA)管理,是 29 CFR(联邦法规)的一部分。根据这些法规,对于氢气量大于 425 Nm^3 的 GH_2,氢气设备与人员或物品之间的安全距离规定为 15.2 m。对于承装超过 2.27 m^3 的 LH_2 低温容器,距同一物体的安全距离至少为 22.8 m[39]。在欧洲,欧洲工业气体协会(EIGA)给出的建议涵盖了 LH_2 储罐,其中规定了最小安全距离[40]。例如,规定 LH_2 储罐与可燃液体或固体、道路、铁路、架空输电线和工业建筑的最小安全距离为 10 m(更多详细信息请参阅第 13 章)。

4.3.4.8 爆燃转爆轰

如前所述,氢气在空气或其他氧化剂中(如纯氧)中氧化(燃烧)可以是亚音速传播(爆燃)或超音速传播(爆轰),除其他因素外,这取决于点火源强度。高能点火源(如冲击波)可引发爆轰,而低能点火源(如明火或火花)通常会导致爆燃。

然而在火焰传播一段时间和距离后,爆燃通过以下机理可能会转为爆轰。尽管爆燃波是亚音速传播,但由于燃烧产物膨胀,爆燃波会通过产生的压缩波扰动火焰面前方的气体。新产生的压缩波以较高速度在未燃气体中传播,未燃气体已被之前的压缩波预压缩并被绝热加热。因此,连续压缩被不断追赶叠加,一个冲击波终将形成并逐渐增强。压缩波最后转变为冲击波。当前驱激波强度达到临界值时,传播机制突然发生变化,从扩散和热传导控制的亚音速传播转变为绝热激波驱动的超音速传播。爆燃转爆轰(DDT)不是突变过程,而是一个逐步演化的过程[41,42]。

　　通常,可发生爆轰的浓度范围比爆燃的浓度范围窄。表 4.10 中氢-空气混合物的爆轰极限范围为 18.3%~59%(氢气浓度)。但是,如果使用足够强的点火源,爆轰极限浓度范围会拓宽,并且可能实现过驱爆轰;这会产生较高爆轰速度,然后逐渐下降到稳定爆轰,稳定爆轰的波速可由热力学确定。即使没有强点火源起爆,当存在其他因素降低能量损失并加速组分混合时,爆燃可能会加速并发展为爆轰(例如,足够的约束度和在火焰前沿中存在加强湍流的障碍物)。Eichert 对氢-空气混合物从爆燃到爆轰的过渡过程中超压和火焰速度的陡增进行建模,并基于一维管道燃烧过程开展数值计算[42]。

4.3.4.9　核反应堆事故中氢气意外产生

　　在核电厂发生严重事故后会产生大量氢气,例如,锆覆盖层与热水蒸气之间的化学反应以及容器头部失效后的堆芯-混凝土相互作用。产生的氢气可能会进入安全壳建筑物的隔间,因爆炸或爆轰产生的超压会威胁安全壳完整性。此外,局部的氢气燃烧尽管不会对整个安全壳完整性构成威胁,但可能对与安全相关设备使用性能造成损害。

　　因此,使用核反应堆的国家已制定基于局部氢浓度的氢气控制条例。规定在事故期间和事故之后,受控安全壳内的平均氢气浓度不得超过 10%。事故释放出等量的氢气,这些氢气是由 100%燃料包覆的金属与水的相互作用产生的,或者发生事故后的环境气氛不支持氢气燃烧。因此,已经考虑了带有氢气控制单元的设备,例如点火器或催化重组器[43]。

　　核电站产生氢气的机理如下:在高温下,核反应堆中用作金属包层的锆合金与水反应生成氢气。这种放热反应随后引发氢-空气混合物爆燃或爆轰,可产生化学动力加剧事故后果。锆-水反应在高于 1 200℃ 的温度条件下会转变为失控反应,如下所示:

$$Zr + 2H_2O \longrightarrow ZrO_2 + 2H_2 + \Delta H_{Zr}$$

其中,ΔH_{Zr} 是消耗每摩尔锆的反应热,616 MJ/kmol。假设这种氧化发生在 Zr/ZrO_2 界面,导致氧化层厚度增加。

　　在这些情况下,降低安全壳内氢气浓度的一种有效方法是人为点燃点火器产生的氢气,以避免氢气-空气爆炸的严重后果(图 4.14)。持续燃烧可防止氢气积聚且不会导致安全壳建筑中的显著压力峰值。一旦压力和温度峰值状态结束,安全壳完整性短期不再面临威胁。基于最佳估计的评估方法,在事故期间使用氢点火器要优于面对安全壳建筑物中的预期氢浓度而不采取任何措施[44]。

图 4.14　2011 年 3 月 14 日拍摄的视频片段截图，
显示福岛第一核电站发生的氢气爆炸

4.3.5　环境问题

　　与碳氢化合物相比，氢作为运输燃料更为环保。但加州理工学院研究人员的一项研究表明，如果我们转向所谓的氢能经济，其长期使用造成的氢泄漏将高达10%到20%[45]。这将导致大量氢气迅速逃逸到臭氧层(估计为60 000~120 000 t)，导致目前从自然或人类活动进入大气的氢气增加一倍甚至三倍。这样的结果将是产生额外的水，这些水将冷却并润湿平流层，最终使平流层的臭氧层减薄多达10%。另一方面，氢与氧结合形成水会增加出现在黎明和黄昏的夜光云(细长卷须状)，这会加速全球变暖。

　　如果加州理工学院的研究结论最终得到证实，氢对环境的影响将类似于氯氟烃(CFCs)对平流层臭氧层的灾难性影响，南极和北极每年出现的臭氧空洞就是明证。由于没有人愿意重复过去的错误，因此在进入全球氢能经济之前，仍有时间对这种可能性进行全面调查,并开发具有成本效益的技术以最大限度地减少泄漏。

然而,大气中的氢循环仍然存在许多不确定性。此外,其他科学家和组织,如美国能源部(能源效率和可再生能源办公室)和美国国家氢气协会,对空气中氢气的预期积累提出了质疑,声称总氢浓度的增加将至少比加州理工学院研究人员估计的少一个数量级。考虑到最坏情况,这将导致臭氧消耗增加不到 1%。

参 考 文 献

[1] Fact Sheet Series No. 1.008, "Hydrogen Safety," National Hydrogen Association, Washington, D.C.

[2] ANSI, Guide to Safety of Hydrogen and Hydrogen Systems, American Institute of Aeronautics and Astronautics, American National Standard ANSI/AIAA G－095－2004, 2004, Chap. 2.

[3] Zuettel, A., Borgschulte, A., and Schlapbach, L. (Eds.), Hydrogen as a Future Energy Carrier, Wiley-VCH Verlag, Berlin, Germany, 2008, Chap. 4.

[4] MedicineNet.com, http://www.medterms.com.

[5] LaChance, J., Tchouvelev, A., and Engebo, A., Development of uniform harm criteria for use in quantitative risk analysis of the hydrogen infrastructure, International Journal of Hydrogen Energy, 36, 2381, 2011.

[6] Methods for the determination of possible damage. In CPR 16E. The Netherlands Organization of Applied Scientific Research, 1989.

[7] Eisenberg, N.A., et al. Vulnerability Model: A Simulation System for Assessing Damage Resulting from Marine Spills, Final Report SA/A－015 245, U.S. Coast Guard, 1975.

[8] Tsao, C.K., and Perry, W.W., Modifications to the Vulnerability Model: A Simulation System for Assessing Damage Resulting from Marine Spills, Report ADA 075 231, U. S. Coast Guard, 1979.

[9] Opschoor, G., van Loo, R.O.M., and Pasman, H.J., Methods for calculation of damage resulting from physical effects of the accidental release of dangerous materials. International Conference on Hazard Identification and Risk Analysis, Human Factors, and Human Reliability in Process Safety. Orlando, Florida, January 15－17, 1992.

[10] Lees, F.P., The assessment of major hazards: a model for fatal injury from burns, Transactions of the Institution of Chemical Engineers, 72 (Part B), 127－134, 1994.

[11] Jeffries, R.M., Hunt, S.J., and Gould, L., Derivation of probability of fatality function for occupant buildings subject to blast loads, Health & Safety Executive, Contract Research Report 147, 1997.

[12] Guidelines for Use of Hydrogen Fuel in Commercial Vehicles, DOT F 1700.7, Report No. FMCSA－RRT－07－020, U.S. Department of Transportation, Washington, D.C., 2007.

[13] ANSI, Guide to Safety of Hydrogen and Hydrogen Systems, American Institute of Aeronautics and Astronautics, American National Standard ANSI/AIAA G－095－2004, Chap. 3.

[14] Chandler, W.T., and Walter, R.J., Testing to determine the effect of high pressure hydrogen

environments on the mechanical properties of metals, in Hydrogen Embrittlement Testing, ASTM 543, American Society for Testing and Materials, Philadelphia, 1974, 170.

[15] Groenvald, T. D. and Elcea, A. D. Hydrogen Stress Cracking in Natural Gas Transmission Pipelines. Hydrogen in Metals: Proceedings of an International Conference on the Effects of Hydrogen on Materials Properties and Selection of Structural Design, I. M. Bernstein and A. W. Thompson, Eds., ASM International, September, 1973.

[16] Rowe, M.D., Nelson, T.W., and Lippold, J.C., Hydrogen-induced cracking along the fusion boundary of dissimilar metal welds, Welding Research, February 1999, 31.

[17] Zalosh, R.G., and Short, T.P., Compilation and Analysis of Hydrogen Accident Reports, COO-4442-4, Department of Labor, Occupational Safety and Health Administration, Factory Mutual Research Corp., Norwood, 1978.

[18] Williams, G.P., Causes of ammonia plant shutdowns, Chemical Engineering Progress, 74, 9, 1978.

[19] Ordin, P.M., A review of hydrogen accidents and incidents in NASA operations, in 9th Intersociety Energy Conversion Engineering Conference, American Society of Mechanical Engineers, New York, 1974.

[20] Thompson, J.D., and Enloe, J.D., Flammability limits of hydrogen-oxygen-nitrogen mixtures at low pressures, Combustion and Flame, 10(4), 393-394, 1996.

[21] Fisher, M., Safety aspects of hydrogen combustion in hydrogen energy systems, International Journal of Hydrogen Energy, 11(9), 593-601, 1986.

[22] McHale, E.T., Geary, G., von Elbe, G., and Huggett, C., Flammability limits of H_2-O_2-luorocarbon mixtures, Combustion and Flame, 16, 167, 1971.

[23] Creitz, E.C., Inhibition of diffusion flames by methyl bromide and trifluo-romethyl-bromide applied to the fuel and oxygen sides of the reaction zone. Journal of Research for Applied Physics and Chemistry, 65, 389, 1961.

[24] Wionsky, S.G., Predicting flammable material classifications, Chemical Engineering, 79, 81, 1972.

[25] Beach, R., Preventing static electricity fires, Chem. Eng., 71, 73, 1964.

[26] Beach, R., Preventing static electricity fires, Chem. Eng., 72, 63, 1965a.

[27] Beach, R., Preventing static electricity fires, Chem. Eng., 72, 85, 1965b.

[28] FM Approval CN 5700 — Approval Standard for Explosion Suppression Systems, FM Approvals, Norwood, Massachusetts, 2002.

[29] Baker, W.E., and Tang, M.J., Gas, Dust and Hybrid Explosions, Elsevier, Amsterdam, 1991, 42.

[30] Center for Chemical Process Safety, Guidelines for Evaluating the Characteristics of Vapor Cloud Explosions, Flash Fires, and BLEVEs, American Institute of Chemical Engineers, New York, 1994.

[31] Lide, D.R., Ed., Handbook of Chemistry and Physics, 75th ed., CRC Press, Boca Raton, FL,

Chap. 6, 1994.

[32] Salla, J.M., Demichela, M., and Casal, J., BLEVE: A new approach to the superheat limit temperature, Journal of Loss Prevention in the Process Industries, 19, 690, 2006.

[33] Bjerketvedt, D., Bakke, J.R., and Wingerden, K.V., Gas explosion handbook. Journal of Hazardous Material, 52, 1, 1997.

[34] Philips, H., Explosions in the Process Industries, Institute of Chemical Engineers, Warwickshire, U.K., 1994, 5.

[35] Lee, J. H. et al., Hydrogen-air detonations, in Proc. 2nd International Workshop on the Impact of Hydrogen on Water Reactor Safety, M. Berman, Ed., SAND82 - 2456, Sandia National Laboratories, Albuquerque, NM, 1982.

[36] Gordon, S., and McBride, B. J., Computer Program for Calculation of Complex Chemical Equilibrium Compositions and Applications, NASA Reference Publication 1311, 1994.

[37] Bull, D.C., Ellworth, J.E., and Shiff, P.J., Detonation cell structures in fuel/air mixtures, Combustion and Flame, 45, 7, 1982.

[38] Explosion Protection Speciication, Kidde Fire Protection, Oxfordshire, U.K. http://www.kfp. co.uk/utcfs/ws438/Assets/IEP%20Explosion%20Protection%20Data%20Sheet.PDF.

[39] U.S. DOT, Clean Air Programme — Use of Hydrogen to Power the Advanced Technology Transit Bus (ATTB): An Assessment. Report DOTFTA- MA - 26 - 0001 - 97 - 1, U.S. Department of Transportation, Washington D.C., 1997.

[40] European Industrial Gases Association, Safety in Storage. Handling and Distribution of Liquid Hydrogen, Report DOC 06/02/E, 2002.

[41] Lee, J., Initiation of gaseous detonation, Annual Review of Physical Chemistry, 28, 75, 1977.

[42] Eichert, H., Hydrogen-air deflagrations and detonations: numerical calculation of 1-d tube combustion processes, International Journal of Hydrogen Energy, 12, 171, 1987.

[43] Choi, Y.S., Lee, U.J., Lee, J.J., and Park, G.C., Improvement of HYCA3D code and experimental verification in rectangular geometry, Nuclear Engineering and Design, 226, 337, 2003.

[44] Lee, S.D., Suha, K.Y., and Jae, M., A framework for evaluating hydrogen control and management, Reliability Engineering and System Safety, 82, 307, 2003.

[45] Tromp, T.K., Shia, R.L., Allen, M., Eiler, J.M., and Yung, Y.L., Potential environmental impact of a hydrogen economy on the stratosphere, Science, June 13, 2003, 1740 - 1742. DOI: 10.1126/science.1085169.

第5章 储氢设施的危害性

5.1 储 存 方 式

目前氢气储存形式(包括尚在研究阶段的)主要有[1]:

1)钢瓶或气罐中的压缩氢气(GH₂);

2)系留气球、"袋子"或排水罐(低压 GH₂);

3)吸附到金属中形成金属氢化物(MH);

4)低温罐中的液氢(LH₂);

5)吸附在储罐的高比表面积碳粉中;

6)封装在玻璃微球中(实验);

7)吸附在碳纳米管中(实验);

8)用水(H_2O,不是燃料)储氢;

9)用氨(NH_3)储氢;

10)用液态烃储氢,如使用汽油、柴油、酒精、液化天然气(LNG)、丙烷或丁烷(LPG)等;

11)用气态烃储氢,如使用压缩天然气(CNG)、沼气等。

上述前四种储氢方案,即 GH₂、低压 GH₂、MH 和 LH₂,是车辆和储氢应用中的常用技术。最后两种储氢介质(液态烃和气态烃)正主导目前全球化石燃料的生产和消耗。

液态烃由于具有较高的能量密度(energy density)而被广泛用于交通运输等领域,如表 5.1 所示,该表数值由计算程序 WolframAlpha 确定[2]。虽然 LH₂ 的质量能量密度是汽油的三倍,但其体积能量密度不足汽油的三分之一。此外,LH₂ 的密度(单位:kg/m³)远低于目前正在使用或即将用作能量载体的其他化学储氢介质。其中,氨和肼具有最大的氢密度,但由于它们的高化学反应活性和毒性,不可能在常规应用中推广。尽管如此,自二战以来,肼已被广泛应用于太空探索(如"海盗号"和"凤凰号"着陆器)、军用飞机(如 F-16 战斗机)和其他工业用途(如在聚合物和药物中使用以及用作安全气囊中的材料)。

表 5.1 不同储氢形式的氢密度

燃 料	分子式	密度*/(kg/m³)	质量能量密度/(MJ/kg)	体积能量密度/(MJ/L)	氢密度/(kg/m³)
GH₂	H₂	0.09	142	0.013	0.09
LH₂	H₂	71	142	10.2	71

续表

燃　料	分子式	密度*/ (kg/m^3)	质量能量密度/(MJ/kg)	体积能量密度/(MJ/L)	氢密度/ (kg/m^3)
LNG(甲烷)	CH_4	424	55.5	23.5	106
LPG(丙烷)	C_3H_6	582	50.1	29.2	106
汽油	C_8H_{18}	737	47.3	34.9	118
甲醇	CH_3OH	791	22.7	18	99
乙醇	C_2H_5OH	789	29.7	23.4	103
环己烷	C_6H_{12}	779	46.7	36.4	111
甲基环己烷	C_7H_{14}	770	46.6	35.9	95
氨	NH_3	683	18.6	12.7	121
肼	N_2H_4	1 011	19.2	19.4	126
水	H_2O	1 000	—	—	111

＊此列数值由计算程序 WolframAlpha 确定,http://www.wolframalpha.com。

此外,水具有极高的氢密度,若能开发出从廉价的水中分离氢的方法,则水将成为未来最有潜力的储氢库。

5.1.1　液氢的储存

LH_2 在某些情况下比氢气更具优势,比如对氢的纯度有较高要求时。但 LH_2 也存在缺点,比如存在蒸发损失,需保证其温度稳定以避免过度膨胀,并且在液化过程中存在能量损耗。LH_2 储存技术在商业上可用于从 0.1 m^3 到数千立方米的容器。LH_2 储罐设计的主要问题是有效隔热容器的构造。目前通常采用真空夹套的双层容器,并且首选比表面积最小的球形结构,其应力和应变分布更均匀[3]。

隔热层为多层结构设计,包括固定在容器外部的 60~100 层反射箔片,每层之间的隔离层用作隔热层。对于体积不超过 300 m^3 的储罐,隔热层总厚度至少为 20 mm。两层容器壁之间的空隙体积可使用珍珠岩粉末或中空玻璃珠填充,大幅减少热损失,并满足低于常规的真空度要求(1.3 Pa)。出于安全考虑,应注意容器壁受冷收缩时填充颗粒的潜在移动,这会导致容器在膨胀时绝热颗粒被压实,使支撑结构破裂。建造低温储罐时,容器外层可选用碳钢,容器内层可选用不锈钢或铝,管道通常由不锈钢制成[3,4]。

出于安全考虑,除隔热材料外,大型 LH_2 储罐通常使用液氮(LN_2)填充在附加外壁形成的空间中。目前,美国国家航空航天局(NASA)已在佛罗里达州(Florida)肯尼迪航天中心(Kennedy Space Center)为其航天飞机计划建造了较大的 LH_2 储罐,包括两个容量为 3 800 m^3 的储罐,其内壁为直径 18.75 m 的奥氏体不锈钢球壳,外壁为直径 21.34 m 的碳钢球壳。损耗率(ullage)约为 15%,每个储罐容积可达 3 218 m^3。操作压力为 620 kPa,每天蒸发量约为 0.025%(约 800 L)。

5.1.2 多孔介质储氢技术

随着多孔介质储氢技术的发展以及低压储存技术和设计灵活性的提高,储氢安全性也随之增强,但这项技术尚未准备好投入使用。多孔介质中的可逆吸附原理涉及物理吸附(范德瓦耳斯力)和化学吸附(如金属氢化物)。目前广泛研究的吸附剂材料包括[4]:

1)碳基材料,如纳米管、纳米纤维、活性炭、活性纤维、模板碳、碳粉、掺杂碳和立方氮化硼合金;

2)有机物、聚合物、沸石、二氧化硅(气凝胶)、多孔硅。

比较碳基材料中各种储氢方式,纳米管似乎比活性炭具有更高的储存容量。然而,由于所用材料不一致,纳米管的研究数据有时会相互矛盾。

其他非碳储氢材料包括:

1)自组装纳米复合材料/气溶胶,一种纳米结构的多孔泡沫,密度极低,价格低廉,可通过物理吸附实现安全储氢;

2)沸石,一种晶体纳米多孔材料,成本低、环境友好且使用安全;

3)金属有机材料,通常是沸石型材料,其骨架由碳制成,具有定制的特性和高潜力;

4)其他材料,如玻璃微球、氢化物浆料、氮化硼纳米管、块状无定形材料(BAM)、氢化无定形碳、(前述物质的)混合物、金属有机框架(MOF)和硼氢化钠。

5.2 危害识别

氢是一种无色无味气体,比空气轻得多。低密度和小颗粒尺寸特性使氢分子可以渗透到某些金属和合金中,如铸铁和高碳钢[5]。渗透可能会导致少量氢泄漏,当材料内部存在裂纹时,会导致裂纹扩展、材料强度降低甚至断裂。

氢与氧化亚氮、卤素(尤其是氟和氯)和不饱和烃(如乙炔)等氧化剂可发生剧烈放热反应。氢气与空气中的氧气混合会形成燃烧或爆轰性混合物,其空气中的浓度极限范围分别为 4.0%~75% 和 18%~59%(均为体积浓度)。由于氢具有比其他任何燃料更宽的燃烧和爆轰极限范围,除非低于其燃烧下限(LFL),否则不应将氢和氧混合储存。因此,安全储氢的行业标准远低于 0.25 倍的 LFL,即氧气中氢气浓度应低于 1%[1]。

由于氢火焰的不可见性,氢的喷射火焰一般无法被肉眼观测到,尤其是在白天,很难发现氢火焰,这会导致误接触人员不能及时采取措施而受到严重损伤。

氢气无毒,但其在意外泄漏的情况下会产生火花、喷射火和气云爆炸危险,且过高的氢气浓度会降低空气中的氧气浓度从而使人窒息。

5.2.1　冷藏储氢

氢在常温、中高压下(中压为 4.1~8.6 bar,高压为 140~400 bar)以气态形式储存,在低温、中压下以液态形式储存。在中压下储存时,氢气应储存在由低碳钢或其他不受氢脆影响的材料制成的储罐中。高碳钢储罐不适宜在中高压力下储存氢气。为防止储氢罐脆化,应避免使用冷轧或冷锻钢以及焊接硬点的维氏硬度值超过 260 的钢。非金属储氢罐,如复合纤维储罐,可避免氢脆和机械强度降低。

与低压 GH$_2$储罐相比,中压 GH$_2$储罐通常尺寸更小但重量更大(对于给定的储存容量)。氢气储罐应在高于两倍工作压力条件下进行静水压力试验,并配备泄压阀,出于安全考虑,应一直安装在室外。此外,入口和出口管线应配备防回火装置[1]。

暴露在高温或热辐射下的储氢容器(储罐和气瓶)存在重大潜在物理爆炸危险。通常,容器过热的原因是邻近区域发生火灾(主要事件),导致容器外壳和储存物温度升高(图 5.1)。容器最终爆裂(次生事件)溢出其储存物,可燃储存物通常会被立即点燃,并以喷射火或火球形式燃烧。溢出燃料的典型点火源可能是在储存物泄放过程产生的静电火花或相邻火灾的火焰。上述情况被称为多米诺效应,因为初始事故会引发另一个事故,从而产生一系列事故,对周围环境的影响不断升级[6,7]。

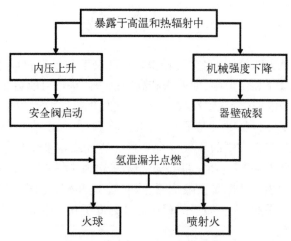

图 5.1　加压储氢容器的热辐射效应[7]

与高压气态氢(GH₂)储存容器相比,液氢储存容器一般在不超过 20 bar 的中低压力下运行。因此,合理的做法是容器壁的耐压设计低于氢气的最高压力(氢气的操作压力可能高达 400 bar,因此容易增加故障风险)。如果容器被火焰吞没,金属会因受热而失去机械强度。液相吸收大量的热量而蒸发,而蒸气的比热容要低得多。因此,容器中存在气相的部位受热,会使局部壁面温度快速升高,从而削弱其强度[6]。

关于液化气的储存,容器过热可能导致内部温度高于储存物沸点,实际上液相并未汽化而导致液体过热。当液体中缺少成核位点时(如杂质、晶体或离子)可观察到这种现象。然而,存在一个温度极限(均质成核极限或过热极限温度),超过这个温度液体将不能保持为液态。在此极限条件下,液体内的随机分子密度波动会产生分子尺度类似气泡的空穴区域[8]。最终结果是液体闪爆并产生强烈冲击波,该冲击波通过液体传播,使容器破裂,将储存物泄放到大气中(沸腾液体扩展蒸气爆炸,见第 4 章[9])。破裂的容器壁碎片可以抛射出数百米,而可燃物被点燃后形成一个从外层向内层燃烧的球体,称为"火球"。整个过程如图 5.2 所示。

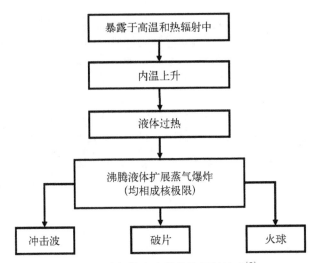

图 5.2　液氢储存容器的热辐射效应[7]

Sklavounos 和 Rigas 近期对火球现象进行建模研究,并对附近的热负荷进行定量估计[10]。对燃烧开始后火球的形成和演化也进行定性模拟(图 5.3)。该图展示的是 1 708 kg 丙烷泄漏和点燃后火球的发展演化过程。燃烧云团由于高温获得正浮力而向上移动,而从左侧(入口边界条件)进入的空气导致火球水平右移,这与预期结果相符。

5.2.2　低温储氢

在氢气加注站和汽车中,由于氢气的体积能量密度较低,需在高压(高达400 bar)下压缩。在某些应用中,氢和其他气体(如二氧化碳、氮、氦和甲烷)需在极低温度下

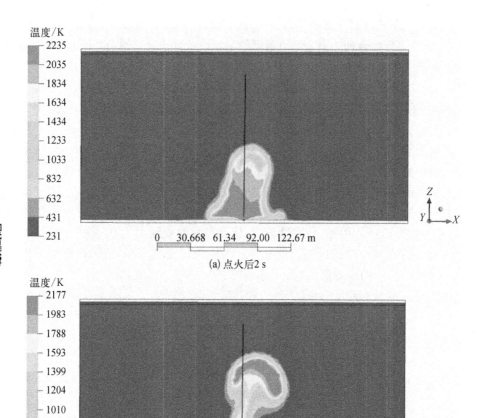

图 5.3　1 708 kg 丙烷泄漏点燃后的火球发展过程[10]。燃烧云团向上移动,由于高温获
　　　　得正浮力,而从左侧(入口边界条件)进入的空气导致火球水平右移

以液态储存以限制体积。这些温度通常低于-73℃,因此储存条件的特点是低温
(区别于冷藏条件)。低温储存条件在某些情况下是首选的,例如,在火箭推进中,
以及在考虑经济性和便利性的储存方式时。液化过程的一个关键参数是临界温
度,超过该温度时,气体不能仅通过加压实现液化。在实际应用中,氢在极低温度
(低于-240.2℃)和中等压力(20~30 bar)下可保持液态。低温储氢的主要危害包
括以下几个方面。

　　1)服役材料的脆化(embrittlement of service materials)。低温可能导致储罐和
管道的服役材料对振动和冲击更加敏感。低碳钢和大多数铁合金在液氢(LH₂)温

度下会失去延展性,易增加机械故障风险[11]。第 4 章中的图 4.1 显示随着温度降低,材料冲击强度急剧下降。储罐和管道其他设备元件(例如控制阀、仪表)也存在同样风险。

2) 液氢泄漏(liquid hydrogen spills)。液氢泄漏可产生大量可燃气云(1 L 液体蒸发产生 851 L 气体)。因此,火灾或爆炸后果将比加压氢气泄漏更严重。

3) 超低温(extremely low temperature)。如果人体接触低温材料,会导致严重的组织冻伤。肌体会迅速黏附在冷的、隔热不足的管道或储罐上,在试图脱离时可能导致肌体撕裂[12]。

4) 氢气云扩散(hydrogen cloud dispersion)。低温储存的氢泄漏会形成气云,其扩散方式类似于比空气重的其他气体,从而增加意外燃烧和爆炸风险。

5.3　危险性评估

5.3.1　评估方法

储氢设施危险性评估旨在确定所有可能的事故场景。在相关文献中可以找到多种方法(事件树、故障模式和影响分析、假设分析、故障树)(参见 8.2.4 节)[13-15]。其中,事件树分析(ETA)是一种形式化方法,也是工业事件调查的标准方法之一。ETA 是一个逻辑模型,以图形方式描述事故序列中事件和后果的组合。ETA 也是一种归纳方法,从一个意外事件开始,朝着最终结果发展。ETA 一般包括以下步骤:

1) 确定可能导致某些类型事故的初始事件;

2) 识别可能影响初始事件演变的关键因素;

3) 通过分析关键因素与初始事件之间的逻辑关系构造事件树;

4) 对产生的意外事件进行推断和评估。

将 ETA 应用于气体燃料泄漏过程,可能对最终结果产生重大影响的关键因素包括:可燃气云的点燃时间和环境约束。前者与逸出可燃气体和空气的混合过程有关。如果立即点火,可燃气云与空气中的氧气尚未充分混合,因此,燃烧仅发生在处于燃烧极限范围的外层,气云的内层由于燃料浓度过高而无法点燃。当浮力开始起主导作用时,气云上升并更接近于球形。这种上升过程导致可燃气体与氧气进一步混合,产生新的处于燃烧极限范围内的混合气,从而维持燃烧。相比之下,当延迟点火时,可燃气云可能已经与空气充分混合,因此在点火后会出现闪火。这与火球不同,因为闪火发展得更快,并且只要找到适当的火源,燃烧就可以从内部向外部传播。因此,可能会发生爆燃或爆轰,爆轰要求氢与空气的混合更加均匀(在更窄的浓度范围内),并增加一定程度的空间约束。

5.3.2　事件树方法的应用

Rigas 和 Sklavounos 采用 ETA 方法对氢气意外泄漏后果进行分析,如图 5.4 所示[7]。由图可知,如未立即点火,泄漏和点火之间会有一段时间的气云扩散过程。一般而言,如果已知氢气可燃区分布,就可以采取预防措施,并针对火灾和爆炸制定应急响应措施。

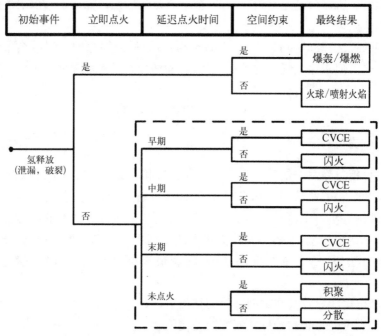

图 5.4　适用于氢气意外泄漏的事件树分析[7]

因此一个关键问题是计算氢气意外泄漏后的扩散过程。此外,即使没有点火,逸出的氢气也可能积聚在靠近源头的封闭空间,对附近的人构成窒息危险。只有在不发生点火且不存在密闭空间的情况下,才可以认为氢的扩散是安全的[3]。

本节分析了与储氢操作有关的主要危害。此外,通过对氢气泄漏进行事件树分析,指出了氢气可能产生的意外事件。分析表明,除非立即着火,否则确定燃料-空气混合物的燃烧下限(LFL)对于预防损失(如消除火源)至关重要。

5.4　蒸气云扩散定性预测

气体(或蒸气)云在扩散过程中通常会受浮力或重力驱动。比空气密度小的气体多由浮力驱动,比空气密度大的气体多由重力驱动。

目前,扩散估计使用半经验的一维模型(即 BOX 模型)和计算流体动力学(CFD)软件。每个模型专门用于一种泄漏类型(浮力或重力驱动),因此在意外泄漏场景时选择适当的扩散模型需要知道扩散气体的行为。

在大气条件下(20℃,1 atm),氢是一种比空气密度小的气体,即使从高压储存系统泄出,氢也保持轻气体的特性。然而以液态储存的氢逸出时,其分散行为将转变为重气体而不是轻气体。

在 Lawrence Livermore 国家实验室(LLNL)进行的现场试验中,观察到储存条件不同的气体扩散方式不同。他们的实验是针对另一种轻气体(天然气)在液态储存时的泄漏和扩散过程[16]。在这种情况下,低于 LFL 的蒸气云并没有立即上升,而是沿着地面移动了几十米。

5.5 气体扩散仿真

5.5.1 CFD 建模

通常,CFD 方法都是按照既有程序来近似描述物理过程的。其中既包含质量、动量和能量守恒的基本 Navier - Stokes 方程,也包含描述细节过程的其他偏微分方程,如扩散气体和空气之间的湍流混合。

CFD 模拟尝试的第一步包括定义三维几何体(计算域),以及将整个计算域细分为若干较小的控制体(单元),形成网格。几何图形由一组统一的参数化曲面组成,这些曲面构建在适当的 CAD 界面中。

在 CFX(一种 CFD 软件)中,求解过程首先使用在预处理器阶段构建的网格将计算域离散为初始控制体积。基于有限体积法(FVM)对每个控制体积上的后续平衡方程进行积分[17]。利用高分辨率数值格式将得到的积分方程转换为代数方程组,并在每个单元内的节点上迭代求解,使残差降低到可接受的收敛水平。就其求解方法而言,CFX 使用耦合解算器,将流体动力学方程(压力和速度分量)作为单个系统进行求解。这种解决方法在任何给定的时间步长均采用完全隐式离散化方程,减少了收敛所需的迭代次数。

5.5.2 氢气和液氢泄漏过程 CFD 模拟

Sklavounos 和 Rigas 研究大规模气体扩散,使用通用 CFD 软件 CFX,首次根据等温重气泄放的大规模气体扩散实验的数据对其进行验证[18]。此外,他们还讨论了非等温致密气体的泄放过程[19]。Sklavounos 和 Rigas 根据现场实验数据(包括氢气和天然气泄放)验证低温气体泄放 CFD 模拟可靠性。一个典型的天然气实验是 Burro 系列液化天然气泄漏实验。该项目由美国能源部(DOE)赞助,并由劳伦斯·利弗莫尔国家实验室(LLNL)和海军武器中心(NWC)于 1980 年夏天在加利福尼亚州(California)的中国湖(China Lake)实施,以确定液化天然气在水中泄漏时蒸气输运和扩散过程。LLNL 在一份报告中详细描述了实验细节和结果分析[20]。1980 年,Witcofski 和 Chirivella 在美国国家航空航天局兰利研究中心的白沙测试区进行氢扩散实验[21]。该项目旨在研究与大量 LH₂ 快速泄放相关的现象,重点是可燃氢气云的产生和扩散。

图 5.5 和 5.6 展示了 Sklavounos 和 Rigas 获得的 LNG Burro 8 实验和 LH₂ 6 实验的实测气体浓度曲线与计算气体浓度曲线的对比结果[19]。实验结果与计算预测结果吻合较好,表明 CFD 预测结果合理。

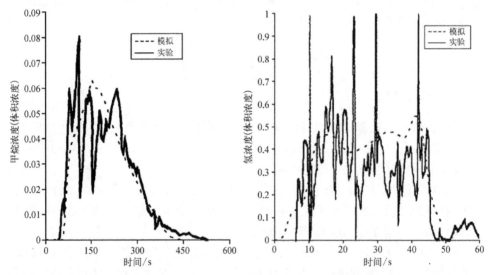

图 5.5 计算和实验得到的 Burro 8 试验点　　图 5.6 计算和实验得到的 LH₂ 6 试验点
(140,0,1)的甲烷浓度曲线对比[19]　　　　　(9.1,0,1)的氢气浓度曲线对比[19]

进一步分析详细模拟结果和计算特定统计性能指标可得出结论:气云通过时间、最大浓度和总剂量三个参数的仿真预测值均处于实验观测值的两倍以内。因此,CFX 程序的预测结果与现场实验数据是一致的。

Rigas 和 Sklavounos 还研究了氢气在大气扩散过程中的行为[7],考虑了两种不同情况:加压条件下等温泄放和液化条件下低温(非等温)泄放。在尺寸为160 m×40 m×30 m 的虚拟计算域内,对典型压力和液化条件下的氢气泄漏事故场景进行三维模拟。在地面处设置泄漏源模拟氢气泄放,流速为 2 kg/s,持续 5 s。典型大气条件(1 atm,20 ℃),地面温度 15 ℃,风速 3 m/s。

结果表明,就气云扩散而言,加压氢泄放和低温氢泄放之间存在显著差异。在前一种情况下,气云立即升起,几乎垂直移动[图 5.7(a)~(b)];后一种情况下,气云几乎靠近地面水平地顺风移动[图 5.8(a)~(d)]。

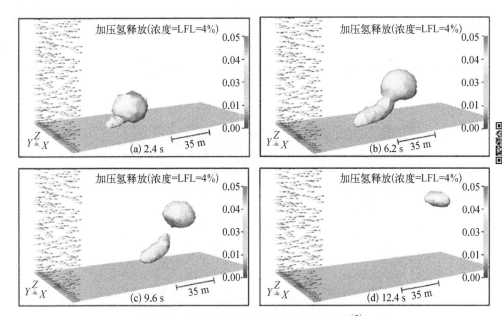

图 5.7 加压氢气释放后的模拟扩散过程[7]

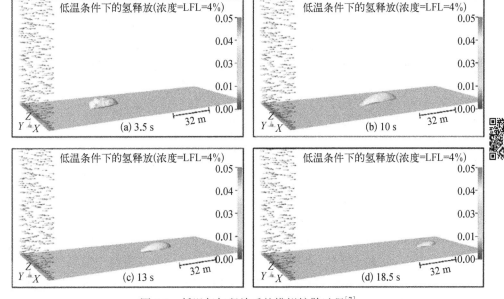

图 5.8 低温氢气释放后的模拟扩散过程[7]

从图 5.9(a)和 5.9(b)可看出,Rigas 和 Sklavounos[7]模拟的低温氢气云扩散过程与在 LLNL 装置的现场实验观察到的液化天然气(LNG)扩散过程相似[16],即气云在较低高度水平移动。这是由于重低温气体具有更大的惯性,从而降低湍流混合速度,导致混合时间延长。此外,较大密度会产生重力驱动的流动,会降低气云高度而增加其宽度。因此,与轻气体相比,重气体在较低高度的持续移动显著增加了着火风险。

(a) Burro系列实验记录的液化天然气泄放过程[12]

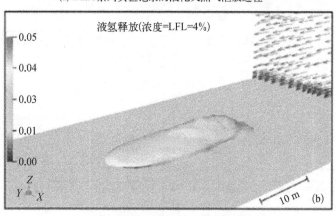

(b) 液氢释放开始后7 s的模拟结果[7]

图 5.9　气云扩散过程的定性比较

Rigas 和 Sklavounos[7]对低温液氢泄漏扩散模拟表明,在低温条件泄放氢气会扩散成比空气密度大的气云,而高压气体泄放会形成比空气密度小的气云。在前一种情况下,LFL 范围内氢气会在地面附近停留一段时间,增加了各种火灾和爆炸风险。计算机模拟的低温氢扩散行为与 LNG 泄放实验过程观察到的现象类似。因此,液氢意外泄放应该被视为比空气重的气体泄放过程,应使用适当的扩散模型来计算而不是套用轻气体的扩散模型。此外,在设计危险评估程序和制定安全措施时,应谨记低温泄放时轻气体扩散行为的这种变化。

实际应用中,需在地形复杂环境进行扩散过程仿真计算。因此,在计算中应考虑扩散区内的固体障碍物。之前的验证工作已经证明 CFD 是复杂地形中气体扩散模拟的强大工具,可提供较为精确的结果和优越的可视化能力,这有助于定量风险分析应用[18]。气体和空气之间的主要混合机制,即固体障碍物附近发展的湍流混合,可以通过几种湍流模型获得令人满意的计算结果:如 $k-\varepsilon$ 模型和剪切应力传输模型(SST)在求解过程表现出更好鲁棒性。SSG 模型需增加中央处理器(CPU)计算时间,但不会显著提高结果准确性。SSG、$k-\varepsilon$ 和 SST 模型似乎高估了实验记录的最大浓度,而 $k-\omega$ 模型低估了它们。

一般来说,数值模拟结果与实验数据吻合较好,表明 CFD 技术可有效应用于实际地形中有毒/可燃气体扩散后果评估,而 BOX 模型精度有限。

Venetsanos 和 Bartzis[22]还使用 ADREA-HF 代码研究无障碍环境大规模 LH_2 泄漏的 CFD 建模。他们还研究泄漏源模型(射流或液池)、泄漏源周围液池和地面模型以及地面传热影响。在相同传感器位置,将仿真预测氢浓度与 NASA 实验 6 的实验结果进行比较。一般来说,模拟射流过程与实验数据存在差异,但将泄漏源设置为指向下方的两相射流模型时,仿真预测浓度与实验更为一致。设置液池作为泄漏源时会导致过高的浓度水平。图 5.10 显示了形成氢液池 21 s 后对称平面上氢浓度(体积浓度)的预测轮廓图。

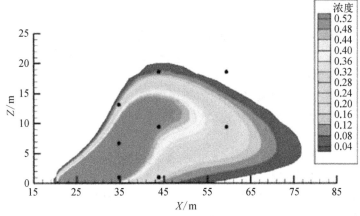

图 5.10　$t=21$ s 时对称面上氢浓度(体积浓度)的预
测轮廓[22](案例5:液池、带围栏和导热)

Venetsanos、Papanikolaou 和 Bartzis[23]还研究了 DREA-HF CFD 软件作为氢气应用后果评估的预测工具。为此,考虑了各种类型的氢泄放场景,包括气体释放和液体泄漏、开敞、半封闭和封闭环境以及声速流(欠膨胀)和低动量泄放。

5.5.3 密闭空间泄放

Swain 等[24]提出针对氢的风险评估方法(HRAM),用于设计包含氢燃料设备建筑物的通风或确定布置氢传感器的最佳位置。该方法可减少 CFD 计算量,并将氦作为氢的替代物,在封闭的简单几何体中进行氢气泄漏的验证实验。

Venetsanos 等[25]对 CFD 模型预测封闭空间(如车库)中氢气的短期和长期分布和混合的能力进行比较。他们的研究场景是一个体积为 78.4 m^3 的长方体封闭空间。该项目涉及 12 个不同的组织、10 种不同的 CFD 代码和 8 种不同的湍流模型。原作者发现,在标准测试第一阶段,各种建模方法预测结果差异很大,这归因于湍流模型和数值精度设置(时间/空间分辨率和离散化方案)差异。然而,在标准测试第二阶段,模拟结果和预测结果差异有所降低(详见第 9 章)。

Papanikolaou 等[26]对容积为 66.3 m^3 的自然通风住宅车库内的氢气泄放进行数值研究。他们还使用了 Swain 等[24]用氦作为替代气体开展的实验进行验证。这是一项实验室阶段的研究,他们比较了四种不同 CFD 软件的计算结果,即 ADREA - HF、FLACS、FLUENT 和 CFX,以及车库内的实验测量结果。仿真预测结果和实验数据具有较好的一致性。然而也存在一种差异,即对于中小型通风口尺寸,仿真会高估上层传感器的结果,而对于大型通风口尺寸,又会低估结果。对于中小型通风口尺寸,下层传感器的预测结果通常偏高,而对于较大的通风口尺寸,四种软件在靠近泄漏源的传感器处的预测结果偏高或偏低,在靠近通风口的传感器处的预测结果偏高。

在另一篇关于封闭空间中氢泄放和扩散的文章中,Zhang 等[27]将实验数据与CFD 计算结果以及分析方法的计算结果进行比较。他们发现只要给 Smagorinsly 常数一个合适的值以获得 CFD 软件的"实时调整",这三种方法便具有较好的一致性。仿真模型是一个体积为 78.4 m^3 的矩形空间。可利用美国国家标准与技术研究院(NIST)开发的火灾动力学仿真软件(FDS)(基于大涡模拟的代码)进行 CFD 模拟[28]。

Papanikolaou 等[29]对容积为 25 m^3 的通风设施内的小型氢气泄放过程进行CFD 模拟,从而评估通风效率。该项研究重点是对假设装有小型 H_2 燃料电池系统的设施进行安全评估。还开展扩散实验以验证模拟结果,使用 ADREA - HF CFD 程序完成模拟。总体而言,所有模拟情况的预测浓度-时间曲线与实验测量浓度-时间曲线具有较好的一致性。

Venetsanos 等[30]总结 InsHyde 项目在封闭空间中氢气实验结果(同样参见第 9 章)。该项目研究真实的中小型室内氢气泄漏,并使用实验和模拟方法为室内氢气系统安全使用和储存提供建议。他们使用氢气和氦气进行实验,以评估类似车库环境中的短期和长期扩散模式。此外,他们开展燃烧实验以评估在室内安全点燃的最大氢气量,并将他们的研究扩展到在室外受阻环境中点燃更多氢气。他们的工作包括预测试模拟,将现有 CFD 软件与之前已被实验验证的 CFD 软件进行比较,以及将 CFD 软件用于研究特定现实场景。

5.5.4　氢气云的热危害

氢气等易燃气体在空气中泄放可能导致重大火灾,由于强烈的热负荷释放,会对周围环境产生恶劣影响。在具有氢气云火灾风险的活动中,需要进行社会风险评估,主要评估由此产生的热辐射造成的危险区域。然而,目前在模拟闪火效应方面所做的工作还十分有限。美国化学工程师协会化工过程安全中心(CCPS)认为现有技术不够完善[6]。

CCPS 提出一种由 Raj 和 Emmons 开发的用于闪火辐射的模拟方法[6],该方法将闪火模拟为以恒定速度传播的二维湍流火焰。然而,该模型需要简化假设(假设燃烧云的位置是固定的),并存在某些缺陷(即忽略点火点位置)。此外,Pula 等[31]采用基于多点网格的辐射影响分析方法,对研究区域内不同位置的辐射影响进行估算。Sklavounos 和 Rigas 尝试了一种基于流体动力学技术的三维计算方法,旨在估算大规模云火灾中产生的热辐射和超压[32,33]。

气云火灾领域的实验较少。然而,确实存在一组独特的大规模实验,涉及可燃天然气云在露天的泄漏、扩散、点燃和燃烧过程,代号为 Coyote。1983 年 LLNL 在内华达州试验场进行的 Coyote 系列试验提供了一个用于验证研究的综合数据集[34,35]。该实验旨在确定 LNG 泄漏产生的蒸气输运和扩散,并调查蒸气云潜在危害。Sklavounos 和 Rigas[32,33]使用 CFX 软件进行可燃气云燃烧瞬态模拟,并提供热通量曲线的合理估算(图 5.11)。经严格统计验证,热辐射量预测在统计学上有效,且与 LLNL 装置获得的实验结果一致[34]。

此外,计算结果后处理使可燃气云燃烧过程可视化。因此,可对计算燃烧区域和实验观察燃烧区域进行比较,结果显示两者具有较好的一致性(图 5.12)。因此可得出结论,利用 CFD 技术可有效地模拟气云火灾演变和后果。

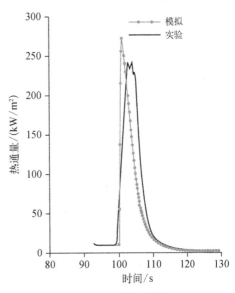

图 5.11　Coyote 试验 3 在监测位置(65,57,1)的实验与计算热通量曲线对比[33]

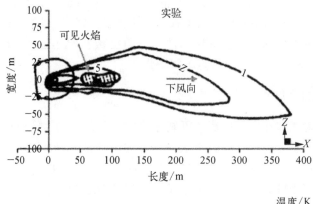

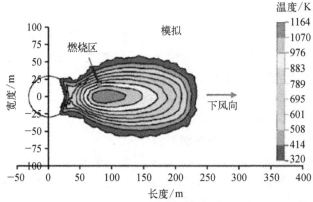

图 5.12 Coyote 试验 3 的实验和模拟燃烧
云图(1 m 高度,103 s 时刻)[33]

5.5.5 化学工业仿真

化学工业(包括石油工业)会生产和消耗大量氢气,主要用于升级化石燃料和生产氨。但是由于氢气的使用使得这些行业发生了许多事故。为应对这些情况,许多文献推荐使用 CFD 工具模拟复杂化学和物理现象,以防止化学反应器失控。

Zhai 等[36]通过 CFD 模拟,详细介绍甲烷蒸气重整(SRM)在集成微反应器中制氢的化学过程,表明微反应器中的甲烷蒸气重整可将反应时间从几秒缩短到几毫秒,具有开发成本低、制氢工艺紧凑的巨大潜力。他们模拟了 SRM 反应的微反应器设计,其中集成了用于 Rh 催化吸热反应的微通道、用于 Pt 催化放热反应的微通道以及中间带有 Rh 或 Pt 催化剂涂层的壁面。他们通过在 CFD 模型中嵌入描述 SRM 过程的基本反应动力学模型,并通过整体反应动力学模型表征通道中的燃烧来完成 CFD 建模。根据文献的实验数据验证了仿真模型。对于两个通道中的快速反应,模拟表明反应器壁的热传导能力以及放热和吸热反应之间相互作用(如燃料气与重整气的低比率)具有重要意义。这种方法提供了一种有效研究和控制这些高放热和危险反应的潜在方法,旨在开发更安全经济的氢加工工艺。

Zhai 等采用导热系数为 40 W/(m·K) 的金属壁和导热系数为 1.5 W/(m·K) 的陶瓷壁对反应器性能进行仿真研究,如图 5.13 所示。

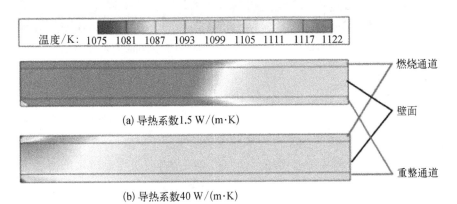

温度/K: 1075 1081 1087 1093 1099 1105 1111 1117 1122

(a) 导热系数1.5 W/(m·K)

(b) 导热系数40 W/(m·K)

图 5.13 反应器内金属壁和陶瓷壁的温度分布[36](停留时间 10 ms,燃料气/重整气 = 2∶3,入口温度 1 073 K,H_2O/CH_4 = 3∶1,绝对压力 1 atm)

Dou 和 Song[37] 也完成了流体化床反应器中甘油蒸气重整制氢的 CFD 模拟。考虑到目前将植物油或动物脂肪转化为生物柴油所产生的大量过剩甘油,这种转化具有巨大环境价值。因此,甘油正成为一种廉价的产品,并可能成为一种浪费问题。这些模拟中使用了 FLUENT 软件,采用以下三步反应方案:

$$C_3H_8O_3 \longleftrightarrow CH_4 + 2CO_2 + 3H_2$$
$$CH_4 + H_2O \longleftrightarrow CO + 3H_2$$
$$CO + 2H_2O \longleftrightarrow CO_2 + H_2$$

化学热力学和实验表明,为避免焦炭沉积在镍基催化剂上,应将反应温度提高至 600℃。因此,CFD 模拟是一个有价值的工具,可用于预测和预防工业上应用新化学工艺时的危险条件。

为消除化学工业中的氢污染,Baraldi 等[38]利用 Pasman 和 Groothuisen[39] 的实验结果开展仿真研究,该实验是在装有泄压口的 0.95 m³ 圆柱型燃烧容器中进行化学计量比的氢-空气混合物的爆炸实验。对于 0.2 m² 的通风口,原作者的模拟结果与实验结果的差异低于 20%,而 0.3 m² 通风口时的差异较大(高达 45%)。带有 0.3 m² 通风口的情况下的火焰传播情况如图 5.14 所示。

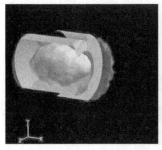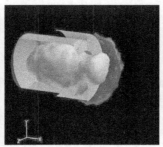

图 5.14　化学计量比氢-空气混合物通过 0.3 m² 通风孔时的火焰传播[38]

5.5.6　核工业仿真

在核设施失控的情况下,一个严重的危险后果是通过各种机制意外泄放大量氢气。例如,在几分钟内可能导致这种现象的快速反应包括锆-蒸汽反应、钢-蒸汽反应、熔融芯-水反应和熔融芯-混凝土反应。另一方面,缓慢反应可能产生大量氢气。这些反应包括水的放射性分解,铝、锌基涂料和镀锌钢的腐蚀。考虑到氢与空气混合物的燃烧极限和爆轰极限范围较宽,在密闭空间内氢与空气的混合会产生可燃甚至爆轰混合物。这种可能性在很多核事故中都发生过,包括 2011 年 3 月 14 日日本福岛第一核电站发生的灾难性氢爆炸。

为防止此类事故发生,Baraldi、Heitsch 和 Wilkening[40]对简化欧洲压水堆(EPR)安全壳内的氢气扩散进行 CFD 模拟,旨在为这些事件产生的超压和高温建立预测模型。在这项多参数分析中,原作者研究了墙体两侧压差,考虑通风口数量、尺寸和位置的各种几何配置,还研究单个和多个位置点火时的结果。在这项工作中使用 CFX 和 REACFLOW 软件,并获得有效结果。

Redlinger[41]基于一些旨在调查和提高核反应堆安全性的实验和理论计算结果验证了 DET3D 软件的可靠性(CFD 工具)[41]。原作者模拟在假设核反应堆事故情景下的复杂三维几何结构中的氢爆轰。如 Dorofeev 等所述,使用混合物的 σ(膨胀比)和 λ(爆轰胞格尺寸)标准来检查氢-空气混合物在可燃性、火焰加速、DDT 和爆轰特性等方面的潜力[42]。将爆轰条件用作运行 DET3D 代码的初始数据。在所有研究的案例中,仿真计算结果与实验结果吻合良好。

Xiong、Yang 和 Cheng[43]应用 GASFLOW CFD 程序研究中国秦山二号核电站氢气风险。他们针对大破口失水事故(LBLOCA),分析水雾对安全壳内氢气风险的影响。选择三种不同喷雾方式,即无喷雾、直接喷雾、直接和再循环喷雾。他们研究了喷雾模式对安全壳内氢气分布的显著影响,还研究了被动型自动催化复合器(PAR)效率,未观察到喷雾模式对氢气分布的实质性影响。对一种新的 PAR 模型进行 CFD 分析,所得结果与实验结果吻合较好。

Heitsch 等[44]利用 GASFLOW、FLUENT 和 CFX 软件对保克什(Paks)核电站进行仿真,模拟一个严重氢泄放事故场景。他们研究氢气泄漏后安全壳失效风险,并提出在工厂中加装催化复合器的缓解措施。分别对未采取缓解措施和采取缓解措施时的情况进行模拟,并对结果进行比较。由于计算时间和仿真精度的限制,他们没能对严重事故状场景进行全尺度模拟,然而这项工作也证明,随着软件改进和计算机硬件提升,全尺度模拟已经成为可能。同样,这项工作中每个模拟所需计算时间约为 40 天,即使在并行使用 6~8 个处理器的情况下也是如此。分析表明,如果想要避免形成氢含量超过 8% 的可燃云,至少需要 30 个催化复合器。在 CFD 模拟中,安全壳主要隔间分布,如图 5.15 所示。未采取缓解措施和采取缓解措施情况下安全壳中氢气浓度分布如图 5.16 所示。

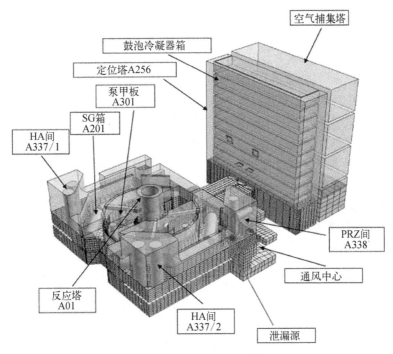

图 5.15 CFD 仿真模型[44]

Prabhudharwadkar 和 Iyer[45]制定了一个与 CFD 代码兼容的模型,以模拟核电厂安全壳中使用被动催化复合器时的氢气分布,旨在防止氢气-空气爆炸。与安全壳相比,催化复合器的尺寸要小得多(复合器通道内需要非常细的网格尺寸),这极大地增加了建模难度。进行参数研究后,原作者将复合器通道划分为单个计算单元,避免了在这些通道中的全分辨率网格划分,使用单节点重组器通道建模方

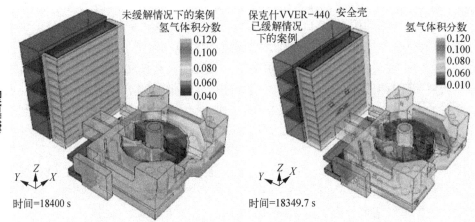

图 5.16　在约 18 400 s 时刻模拟区域中的氢浓度分布[44]

法,从而在计算效率上有了极大改善。与全分辨率模拟相比,稳态情况下单节点方法的预测精度在 5% 以内。

Ferng 和 Chen[46]分析了 HTR－10 反应堆(具有球床堆芯的石墨慢化和氦冷却反应堆)蒸汽发生器管破裂后石墨-水反应的热力耦合特性和氢气生成过程。他们开发了一个瞬态三维可压缩 CFD 模型,以研究 HTR－10 中的四个假设事故场景,考虑一个或两个蒸汽发生器管破裂导致氢气和一氧化碳生成。计算结果表明,水与石墨反应产生的氢气量不足以达到氢气-空气混合物燃烧极限。事实上,两个管破裂可能产生的氢气最大体积分数约为 0.5%,远低于 4% 的燃烧下限。此外,经计算,反应堆堆芯中核燃料最高温度为 1 218 K,远低于石墨极限温度(1 873 K)。因此他们得出结论,核燃料在最极端的情况下仍不会被破坏。

参 考 文 献

[1]　Walt Pyle, Hydrogen Storage, Home Power, 59, 14－15, June/July, 1997.

[2]　WolframAlpha, Computational Knowledge Engine (http://www.wolframal-pha.com).

[3]　Verfondern, K., Safety Considerations on Liquid Hydrogen, Forschungszentrum Juelich GmbH, Energy and Environment, Vol.10, 2008, pp.25－27.

[4]　Tzimas, E., Filiou, C., Peteves, S.D., and Veyret, J.B., Hydrogen Storage: State-of-the-Art and Future Perspective, European Commission, Directorate General Joint Research Centre, Petten, The Netherlands, 2003.

[5]　Warren, P., Hazardous Gases and Fumes, Butterworth-Heinemann, Oxford, 1997, p.96.

[6]　CCPS (Center for Chemical Process Safety), Guidelines for Evaluating the Characteristics of Vapor Cloud Explosions, Flash Fires and BLEVEs, American Institute of Chemical Engineers, New York, 1994, p.158.

［7］ Rigas, F., and Sklavounos, S., Evaluation of hazards associated with hydrogen storage facilities, International Journal of Hydrogen Energy, 30, 1501, 2005.

［8］ D.R. Lide, Ed., Handbook of Chemistry and Physics, 75th ed., CRC Press, Boca Raton, FL, Chap. 6, 1994.

［9］ Shebeko, Yu. N., Shevchuck, A.P., and Smolin, I.M., BLEVE prevention using vent devices, Journal of Hazardous Materials, 50, 227, 1996.

［10］ Sklavounos, S., and Rigas, F., Advanced multi-perspective computer simulation as a tool for reliable consequence analysis, Process Safety and Environmental Protection, 90 (2), 129, 2012.

［11］ Pohanish, R.P., and Green, S.A., Rapid Guide to Chemical Incompatibilities, Van Nostrand Reinhold, New York, 1997, p.434.

［12］ Carson, P., and Mumford, C., Hazardous Chemicals Handbook, Butterworth Heinemann, Oxford, 1994, pp.181, 202.

［13］ Taylor, J.R., Risk Analysis for Process Plant, Pipelines and Transport, Chapman & Hall, London, 1994, p.102.

［14］ CCPS, Guidelines for Hazard Evaluation Procedures, American Institute of Chemical Engineers, New York, 1992, p.69.

［15］ HSE (Health and Safety Executive), Application of QRA in Operational Safety Studies, Health and Safety Executive report 025, 2002, p.19.

［16］ LLNL (Lawrence Livermore National Laboratory), Burro Series Data Report, LLNL/NWC report UCID − 19075 Vol.1, LLN, Berkeley, CA, 1982.

［17］ Versteeg, H.K., and Malalasekera, W., An Introduction to Computational Fluid Dynamics: The Finite Volume Method, Longman, New York, 1995, p.85.

［18］ Sklavounos, S., and Rigas, F., Validation of turbulence models in heavy gas dispersion over obstacles, Journal of Hazardous Materials, 108, 9, 2004.

［19］ Sklavounos, S., and Rigas, F., Fuel gas dispersion under cryogenic release conditions, Energy and Fuels, 19, 2535, 2005.

［20］ LLNL, Description and Analysis of Burro Series 40 − m^3 LNG Spill Experiments, LLNL/NWC report No. UCRL − 53186, Lawrence Livermore National Laboratory, Berkeley, CA, 1981.

［21］ Witcofski, R.D., and Chirivella, J.E., Experimental and analytical analyses of the mechanisms governing the dispersion of flammable clouds formed by liquid hydrogen spills, International Journal of Hydrogen Energy, 9, 425, 1984.

［22］ Venetsanos, A. G., and Bartzis, J. G., CFD modeling of large-scale LH$_2$ spills in open environment, International Journal of Hydrogen Energy, 32, 2171, 2007.

［23］ Venetsanos, A. G., Papanikolaou, E., and Bartzis, J. G., The ADREA-HF CFD code for consequence assessment of hydrogen applications, International Journal of Hydrogen Energy, 35, 3908, 2010.

［24］ Swain, M.R. et al., Hydrogen leakage into simple geometric enclosures, International Journal of

Hydrogen Energy, 28, 229, 2003.

[25] Venetsanos, A.G., Papanikolaou E., Delichatsios, M., Garcia, J., Hansen, O.R., Heitsch, M., Huser, A., Jahn, W., Jordan, T., Lacome, J.M., Ledin, H.S., Makarov, D., Middha P., Studer, E., Tchouvelev, A.V., Teodorczyk, A., Verbecke, F., and Van der Voort, M.M., An inter-comparison exercise on the capabilities of CFD models to predict the short and long term distribution and mixing of hydrogen in a garage, International Journal of Hydrogen Energy, 34, 5912, 2009.

[26] Papanikolaou, E., Venetsanos, A.G., Heitsch, M., Baraldi, D., Huser, A., Pujol, J., Garcia, J., and Markatos, N., HySafe SBEP-V20: Numerical studies of release experiments inside a naturally ventilated residential garage, International Journal of Hydrogen Energy, 35, 4747, 2010.

[27] Zhang, J., Delichatsios, M.A., and Venetsanos, A.G., Numerical studies of dispersion and flammable volume of hydrogen enclosures, International Journal of Hydrogen Energy, 35, 6431, 2010.

[28] FDS-Fire Dynamics Simulator, available from NIST (National Institute of Standards and Technology) at: http://ire.nist.gov/fds.

[29] Papanikolaou, E., Venetsanos, A.G., Cerchiara, G.M., Carcassi, M., and Markatos, N., CFD simulations on small hydrogen releases inside a ventilated facility and assessment of ventilation efficiency, International Journal of Hydrogen Energy, 36, 2597, 2011.

[30] Venetsanos, A.G., Adams, P., Azkarate, I., Bengaouer, A., Brett, L., Carcassi, M.N., Engebø, A., Gallego, E., Gavrikov, A.I., Hansen, O.R., Hawksworth, S., Jordan, T., Kesslerm, A., Kumar, S., Molkov, V., Nilsen, S., Reinecke, E., Stoecklin, M., Schmidtchen, U., Teodorczyk, A., Tigreat, D., and Versloot, N.H.A., On the use of hydrogen in confined spaces: Results from the internal project InsHyde, International Journal of Hydrogen Energy, 36, 2693, 2011.

[31] Pula, R., Khan, F., Veitsch, B., and Amyotte, P., Revised fire consequence models for off-shore quantitative risk assessment, Journal of Loss Prevention in the Process Industries, 18, 443, 2005.

[32] Sklavounos, S., and Rigas, F., Simulation of Coyote series trials, Part I: CFD estimation of non-isothermal LNG releases and comparison with box-model predictions, Chem. Eng.Sci., 61, 1434, 2006.

[33] Rigas, F., and Sklavounos, S., Simulation of Coyote series trials — Part II: a computational approach to ignition and combustion of flammable vapor clouds, Chemical Engineering Science, 61, 1434, 2006.

[34] LLNL, Coyote Series Data Report, UCID: 19953 Vol.1, 2. LLNL/NWC, Lawrence Livermore National Laboratory, Berkeley, CA, 1983.

[35] LLNL, Vapor Burn Analysis for the COYOTE series LNG spill Experiments, UCID: 53530, LLNL/NWC, Lawrence Livermore National Laboratory, Berkeley, CA, 1984.

[36] Zhai, X., Ding, S., Cheng, Y., Jin, Y., and Cheng, Y., CFD simulation with detailed chemistry of steam reforming of methane for hydrogen production in an integrated micro-reactor, International Journal of Hydrogen Energy, 35, 5383, 2010.

[37] Dou, B., and Song, Y., A CFD approach on simulation of hydrogen production from steam reforming of glycerol in a fluidized bed reactor, International Journal of Hydrogen Energy, 35, 10271, 2010.

[38] Baraldi, D., Kotchourko, A., Lelyakin, A., Yanez, J., Gavrikov, A., Eimenko, A., Verbecke, F., Makarov, D., Molkov., V., and Teodorczyk, A., An inter-comparison exercise on CFD model capabilities to simulate hydrogen deflagrations with pressure relief vents, International Journal of Hydrogen Energy, 35, 12381, 2010.

[39] Pasman, H.J., and Groothuisen, Th.M., Design of pressure relief vents. In Loss Prevention in the Process Industries, edited by C.H. Bushman, Elsevier, New York, 1974, pp.185 − 189.

[40] Baraldi, D., Heitsch, M., and Wilkening, H., CFD simulations of hydrogen combustion in a simplified EPR containment with CFX and REACFLOW, Nuclear Engineering and Design, 237, 1668, 2007.

[41] Redlinger, R., DET3D-ACFD tool for simulating hydrogen combustion in nuclear reactor safety, Nuclear Engineering and Design, 238, 610, 2008.

[42] Dorofeev., S.B., Kuznetsov, M.S., Alekseev, V.I., Eimenko, A.A., and Breitung, W., Evaluation of limits for effective flame acceleration in hydrogen mixtures, Journal of Loss Prevention in the Process Industries, 14, 583, 2001.

[43] Xiong, J., Yang, Y., and Cheng, X., CFD application to hydrogen risk analysis, Science and Technology of Nuclear Installations, 2009, doi: 1155/2009/213981.

[44] Heitsch, M., Huhtanen, R., Techy, Z., Fry, C., and Kostka, P., CFD evaluation of hydrogen risk mitigation measures in a VVER − 440/213 containment, Nuclear Engineering and Design, 240, 385, 2010.

[45] Prabhudharwadkar, D.M., and Iyer, K.N., Simulation of hydrogen mitigation in catalytic recombiner, Part II: Formulation of a CFD model, Nuclear Engineering and Design, 241, 1758, 2011.

[46] Ferng, Y.M., and Chen, C.T., CFD investigating thermal-hydraulic characteristics and hydrogen generation from graphite-water reaction after SG tube rupture in HTR-10 reactor, Applied Thermal Engineering, 31, 2430, 2011.

第6章　氢燃料汽车安全

6.1　汽车的氢气系统

1978 年,Trevor Kletz 教授提出本质安全原理(详见本书第 7 章)。他的一个观点是——不存在的东西不会发生泄漏(What you do not have can't leak)[1]。然而,只要我们需要一种能源来驱动汽车,就必须在汽油、柴油、液态丙烷、天然气、氢气或其他能源中进行选择。一旦选择氢作为汽车燃料,我们就需要确定其本质安全原则,以应对这种新燃料所产生的危害。例如,需尽量减少氢储存量和在危险区域的停留时间,特别是在加气站。

氢在化学和航空航天工业中的应用相对安全,预计也将在汽车工业得到广泛应用。因此,在日常生活中,非专业技术人员需要处理大量气态或液态氢。这将极大增加中小型事故发生频率。所以应高度重视氢燃料汽车的本质安全设计,如更安全的车载储氢系统以及考虑人为失误的加气站设计。

另一个安全问题是,罐车道路运输大量氢气的事故率很高,非常不安全。管道系统似乎更安全,即将用于气态或液态氢气的大规模运输。工作压力高达100 MPa的氢气管道在欧洲已使用几十年,尚无事故见诸报道。这些管道系统中,较长的是德国 1938 年建设的管道(215 km)和法国 1966 年建设的管道(290 km)[2]。

6.1.1　内燃机

氢用作汽车动力源的三种方式包括:
1) 作为内燃机中汽油或柴油的替代品;
2) 作为内燃机中汽油或柴油的补充燃料;
3) 在燃料电池中发电。

基于奥托循环(Otto cycle)和柴油循环的内燃机可以使用氢或氢与其他液体燃料的混合物驱动。Ricardo(1924)和 Burstall(1927)首次对氢燃料汽车开展研究,此后 Erren(1930 年)对氢-空气和氢-氧发动机进行了深入研究。1966 年,Billings 在犹他州(Utah)推出了美国第一辆氢燃料内燃机车。如今,德国和日本正在取得重要进展[3]。

氢气不能直接用作替换汽油的燃料,需要对发动机进行改装。主要关注的问题是氢的低点火能和高火焰传播速度可能导致混合物制备过程发生自燃或回火。氢的辛烷值远低于汽油,会导致发动机性能低下和快速磨损。尽管如此,氢的宽极限浓度使得低浓度燃料-空气混合物可以燃烧,提供了较大控制范围。通常通过添加水作为压载物以及在气罐进气口附近定时注入氢气来防止失控的过早点火或者进气歧管(intake manifold)中的回火。在氢燃料发动机尾气中发现的唯一有害气体是氮氧化物,关于这一问题已经发表了许多论文。

6.1.2　汽车中的氢气存储

目前在汽车中储存氢气的可能方式包括:在压力容器内储存气态氢,在真空绝热罐中储存液态氢,或在金属氢化物储罐中吸收氢。然而这些储氢系统都没有汽油作为化石能源载体所具有的独特优势。加压气体储存容器很重,在汽车上占据很大空间。此外,大于 20.0 MPa 的高压引入了严重安全隐患。

液氢罐比汽油罐大,需要复杂结构以保持极低的储存温度。在这种情况下,低温条件和蒸发损失也会出现安全问题。

形成氢化物的金属可以是低温型的,例如具有 $255\sim1\,005\,℃$ 可逆氢吸收温度范围的 FeTi,或者高温型氢化物材料(如 Mg_2Ni),可以在更高的温度(约 $350\,℃$)下解吸氢。后一种材料具有更高的氢容量,但这需要消耗更多能量以解吸存储的氢,并且由于工作温度更高,需要更多安全方面的考虑。

6.1.3　氢气、甲烷和汽油安全性比较

通过将天然气作为一种通用燃料引入世界市场,替代能源载体在一定程度上取代了传统燃料。它的使用不限于工业和家庭,还扩展到公共交通工具,特别是在欧洲。氢的使用前景与天然气类似,并且氢与天然气联合应用也被提上日程。除了讨论氢气应用的技术经济性和环境优势外,另一个重要问题是天然气和氢气在应用、运输和储存过程中的相对安全性。

氢气、甲烷和汽油的热物理、化学和燃烧特性的比较如表 3.1 所示。在这些燃料中,汽油无疑是最易储存的,可能是三者中最安全的燃料。因为它具有较高的沸点、较低的挥发性以及较窄的燃烧和爆轰极限。这一结论基于我们之前关于火灾和爆炸危险的讨论。然而,氢气和甲烷(天然气的主要成分)也可以使用现有技术进行安全储存。

氢的体积能量密度不高,但它的质量能量密度在所有燃料中是最高的。然而这种质量优势通常被储氢罐和相关设备的大重量所掩盖。因此,大多数设计用于运输的储氢系统比用于汽油或柴油等液体燃料的储氢系统要笨重得多。氢气、甲烷和汽油造成的危害比较如下[4,5]。

分子大小(size of molecule)。由于氢分子是所有物质中最小的,它会通过可渗透材料发生泄漏,而甲烷和汽油不会通过渗透材料,但三者泄漏率的差异非常小。氢的质量能量密度大约是甲烷的三倍,但其体积能量密度却是甲烷的三分之一。因此,在相同的压力下,三倍体积的氢将具有与甲烷相同的总能量。对于高压系统

针孔大小的泄漏,甲烷泄漏量约为氢气体积的三倍。

燃料泄漏(fuel spills)。如果发生燃料泄漏,预计火灾危险发展速度的大小顺序为:氢气>甲烷>汽油。就火灾持续时间而言,汽油火灾持续时间最长,氢气火灾持续时间最短,而这三种燃料燃烧的火焰温度几乎相同。事实上,对于相同体积的液体燃料泄漏,碳氢化合物火灾持续时间将是氢气火灾持续时间的 5~10 倍。

加臭(odorization)。汽油通常是有气味的,而天然气只有经过加臭处理,其泄漏才容易被察觉。由于天然气通过管道进入千家万户,输气管道分布较广。因此,尽管加臭处理不是完全有效的,目前也被用作一种安全措施。当有人在现场闻到气味并做出反应时,天然气泄漏才会被察觉。由于含硫臭化剂(硫醇)会污染燃料电池的催化剂,因此作为燃料电池车辆燃料的氢不能进行加臭处理。

浮力(buoyancy)。正常温度和压力下,体积相同时,空气比氢气重 14.5 倍,比甲烷重1.8倍,而汽油蒸气比空气重。因此,氢气能更快地上升,导致更强烈的湍流扩散,从而更快地将其浓度降低到燃烧下限(LFL)以下。此外,氢扩散到空气中的速率大约是甲烷的 4 倍,是汽油的 12 倍,因此浓度可迅速下降至安全水平。

爆炸能量(energy of explosion)。表 3.1 中给出的爆炸能量值应视为理论最大值,对于燃料空气爆炸,应考虑 10% 的衰减系数。在上述三种燃料中,对于固定体积的储存量,尽管单位质量的氢具有最高的燃烧热和爆炸潜能,氢的理论爆炸潜能却最小。

可燃度和爆轰极限(flammability and detonability limit)。氢具有更宽的可燃度和爆轰极限范围,加之其燃烧速度快,氢比甲烷或汽油具有更高的爆炸风险。氢气和甲烷的 LFL 相似(氢气为 4.0%,甲烷为 5%)。然而,与甲烷相比,氢气在 LFL 和 LDL 之间的范围更宽(氢气为 4.0%~18%,而甲烷仅为 5.0%~5.7%)。这就意味着,要产生一种爆轰混合物,需要的氢气浓度是甲烷的三倍以上。出于氢气安全性考虑,通常使用 LFL 而不用 LDL 进行安全设计,以纳入额外的安全系数。当空气中氢气浓度达到 LFL 的 25% 时,表示空气中存在 1% 的 H_2,但当空气中的氢气浓度达到 LDL 的 25% 时,表示的却是空气中存在 4.5% 的 H_2。因此,使用 LFL 作为气体浓度探测标准时,氢气爆轰混合物会比甲烷爆轰混合物更早地发出预警信号。

点火能量(ignition energy)。当空气中氢和甲烷的浓度高达约 10% 时,氢的点火能量与甲烷相同。当氢气浓度增加到化学计量比,即空气中氢气浓度为 29% 时,点火能量下降到甲烷的十四分之一、汽油的十二分之一左右。我们通常关注可燃混合物的风险防范,因此 LFL 是其重要属性。然而,这些燃料点火所需的能量非常低,常见点火源(如人体的静电放电)即可在空气中点燃这些燃料。

自燃温度(autoignition temperature)。氢气和甲烷具有较高的自燃温度(分别为 585℃ 和 540℃),而自燃温度在 227~477℃ 之间的汽油更加危险。

爆燃(deflagration)。氢气-空气或甲烷-空气在受限空间爆燃时的静压上升比小于 8 : 1。汽油-空气在受限空间爆燃的压力约为氢气-空气爆燃压力的 70%~80%。非受限空间爆燃超压通常小于 7 kPa。然而,3~4 kPa 的压力足以对建筑物造成结构损坏;因此,非受限空间大体积气相爆炸也具有一定破坏性。显然,爆炸压力高达 8 atm(约 811 kPa)的受限空间爆燃可能具有极大破坏性,即使是非受限空间爆燃也可能导致轻微至中度结构损坏,并通过火灾和窗户玻璃碎片伤人。

爆轰(detonation)。通常,氢-空气或甲烷-空气爆轰的压力上升比为 15 : 1,汽油-空气爆轰的压力上升比为 12 : 1。在评估爆轰损害和设计路障或其他用于减轻爆轰后果的构筑物时,应考虑爆轰压力波产生的冲击。氢的燃烧速度是甲烷的十倍(仅考虑达到峰值压力的时间)。这表明氢爆轰的严重程度更高,但正压持续时间更短,爆炸超压峰值与甲烷接近。因此,材料结构应在更短时间内对此超压做出响应。

破片危害(shrapnel hazard)。这取决于爆炸超压,对于普通壳体($L/D<30$),氢气-空气和甲烷-空气的爆炸超压大致相同,而对于汽油-空气混合物的爆炸超压则稍弱。然而,在隧道或管道等长结构中,氢更容易从爆燃转变为爆轰(DDT),所以氢比其他两种燃料具有更高的爆炸风险。因此,氢是破片损伤的最大危险源。

辐射热(radiant heat)。由于氢气燃烧产生的水蒸气吸热,且没有碳燃烧反应,氢气火焰的辐射热明显低于碳氢化合物火焰,从而降低了二次火灾风险。可燃材料的辐射热实际上可能比甲烷火焰更接近于氢气火焰。辐射热减少意味着在发生重大火灾时对相邻设备的供热减少,因此降低了多米诺效应导致损坏和损失升级的可能性。

有害烟雾(hazardous smoke)。烟雾吸入损伤的可能性从大到小依次为:汽油、甲烷和氢气。

火焰可见性(flame visibility)。与可见的甲烷和汽油火焰不同,尽管空气中的污染物通常会增加氢气火焰可见度,但氢气在日光下燃烧时几乎看不见火焰。氢火焰在夜间是可见的,一些现代化探测设备甚至可以在白天探测到它们。

灭火(fire fighting)。扑灭这些火焰会产生潜在爆炸危险,通常应该让氢气和甲烷燃烧,直到燃气停止泄漏或溢出液体烧尽。然而,任何情况下都应用水冷却储罐来控制火势。干粉和高膨胀泡沫可用于扑灭甲烷和汽油燃烧。

总之,在工业上氢气作为压缩气体或液氢已长时间被安全使用和储存,金属氢化物的储存似乎同样安全,甚至更安全。对未来氢能应用的考虑揭示了工业和商业市场中明显可控的安全问题。尽管氢能安全问题在行业中已得到有效控制,但在运输和居民燃料市场还需要进行更多的安全分析。

6.2　汽车使用氢气引起的事故

6.2.1　氢燃料汽车危险

氢气是一种有前景的交通气体燃料,应全面研究与其应用相关的危险,并在汽车不能操作、正常运行和碰撞的情况下考虑这些危险。

潜在危险(potential hazard)通常与火灾、爆炸或毒性有关。因为氢气及其燃烧产物均无毒,毒性危害可以忽略。氢气运输时的火灾和爆炸可能源于汽车中的燃料储存、燃料供应管线或燃料电池(如果使用此类系统)。其中燃料电池的危害最小,即使现有技术下氢和氧通过一层薄聚合物膜(20~30 μm)隔离。在这种情况下,初始事件是膜破裂,导致氢和氧的结合,燃料电池将失去其电势,这很容易被控制系统检测到,然后立即断开电源线。燃料电池工作温度(60~90℃)太低,无法作为热点火源,但这两种反应物可能会在催化剂表面结合,达到点火条件。然而,由于燃料电池和燃料供应管路中的氢含量较低,因此造成破坏的可能性较低。

燃料气罐中的氢气量最多,因此最大的破坏风险位于燃料气罐。正常运行和碰撞时应考虑的故障模式主要包括以下几种:

1) 储罐灾难性破裂(catastrophic rupture of a tank)。可能是由加工缺陷、不当搬运或应力断裂、尖锐物体刺穿或外部点火以及泄压装置无法打开造成的。

2) 大量泄漏(massive leak)。可能是由泄压阀操作错误、储罐壁的化学诱发失效、尖锐物体的刺穿或发生火灾时泄压阀的正常操作造成的。

3) 缓慢泄漏(slow leak)。原因可能是储罐衬板应力开裂、泄压阀操作有误、储罐与供气管路接头故障或燃气管路连接故障。

由于灾难性破裂概率较低,因此已通过实验确定了导致大量或缓慢氢气释放的故障模式。避免上述故障模式的对策具体如下:

1) 通过适当的安全设计防止泄漏(leak prevention),允许高压管线承受冲击和振动;

2) 通过适当的检测器或在燃料中添加臭味剂进行泄漏检测(leak detection),这对于燃料电池来说存在一些问题;

3) 通过在事故中自动断开蓄电池、分离燃气供应管路和电气系统,以及设计适当的主动和被动通风系统(例如允许氢气向上逸出的开口)来防止点火(ignition prevention)。

基于上述故障模式 Shriber 和 Swain[6]对最可能或最严重的氢气事故情景进行了详细风险评估,包括非受限空间和隧道中的储气罐着火或爆炸、非密闭空间中的燃气管路泄漏、车库中的燃气泄漏和加气站事故。

这些研究表明:

1）一辆设计良好的氢燃料电池汽车在开放空间碰撞时应该比天然气或汽油汽车更安全；

2）氢燃料电池汽车应该和天然气汽车一样安全，而且两者在隧道碰撞中都比汽油汽车或丙烷汽车安全；

3）最大的风险出现在车库中氢气泄漏的情况下，如果没有被动或主动通风，可能会导致火灾或爆炸。

总而言之，氢燃料与其他运输燃料既有相似之处，也有不同之处，有些参数会使事故更严重，而另一些参数则会降低事故严重度。因此，目前尚不清楚氢气是否会在运输过程中带来更多或更少的风险。例如，在美国和德国，运输压缩和液氢的卡车在道路上的良好安全记录进一步证明，使用氢燃料不会带来巨大的未知风险。尽管目前普遍认为：在某些方面，氢作为汽车燃料可能比汽油或天然气更安全[7]。

6.2.2　氢气储罐

美国机动车火灾研究所(MVFRI)已与美国西南研究所(SwRI)签订合同，对燃气系统进行测试。MVFRI 的 Zalosh 对 CNG(压缩天然气)和氢燃料汽车的储气罐故障事件进行研究，他对储存在圆柱形压力容器中的两种燃料提出了有用建议[8]。

以下几种气罐可被加压储存气体燃料：

1）1 型气罐由金属非复合材料制成；

2）2 型气罐由一种金属衬板制成，其上的外包覆(如碳纤维或玻璃纤维)环形缠绕于气罐的侧壁上；

3）3 型气罐由一种金属(通常为铝)衬板制成，其上的外包覆(如碳纤维或玻璃纤维)以全包裹模式覆盖整个气罐，包括圆顶；

4）4 型气罐由一种非金属衬板制成，其上的外包覆(如碳纤维或玻璃纤维)以完全包裹的方式覆盖整个气罐，包括圆顶。

由于在研究期间未报告相关氢气事故，Zalosh 认为氢气储罐的故障模式与CNG 储罐相同。MVFRI 资助了两项试验，以确定火灾对这些储罐的影响。Zalosh 和 Weyandt 已经发表了这些试验细节[9,10,11]。

这些试验中，丙烷燃烧器火焰是在没有减压装置的压力为 32~34 MPa 充满氢气的气罐下进行的。第一次试验使用 72 L 的 4 型气罐(图 6.1)，第二次试验使用安装在运动型多功能车(SUV)中的 88 L 的 3 型气罐(图 6.2)。4 型气罐在火灾中暴露 6 min 27 s 后破裂。3 型气罐在 12 min 18 s 时破裂，破裂之前燃烧器火焰点燃了 SUV。在这两种情况下，气罐外包覆都阻止了氢气温度和压力显著升高，并超过其预测值。

4 型氢气罐的主要残骸在距离燃烧器约 82 m 的位置(图 6.3)，而 3 型氢气罐的最大碎片在距离燃烧器约 41 m 的位置(图 6.4)。

图 6.1   丙烷燃烧器上的 4 型氢气罐试验装置[11]

图 6.2   SUV 下的 4 型气罐下方的燃烧器[11]

图 6.3   4 型氢气罐碎片[11]

图 6.4　3 型氢气罐碎片[11]

这些试验中进行了一些爆炸超压测量,如图 6.5 所示。还显示了爆炸能量为 13.4 MJ 和 15.2 MJ 时计算的理想冲击波压力,以供比较。Zalosh[11] 根据 Baker 等[12,13]的方法,利用破裂期间加压储罐内氢气的等温膨胀计算爆炸能量。与实测数据的一致性证明了基于气罐压力和体积的爆炸波计算的有效性。

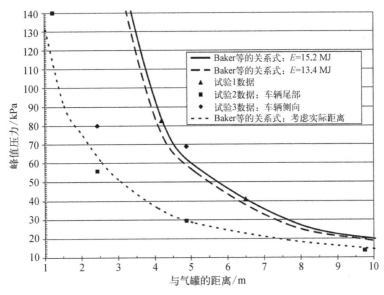

图 6.5　气罐爆炸压力与气罐距离的关系[11]

除爆炸波外,在两次试验中,气罐破裂后都形成了火球(图 6.6)。在单气罐试验中,火球最大直径为 7.7 m,而在 SUV 试验中,火球最大直径约为 24 m。SUV 试验中较大的火球直径表明,就火球的形成而言,气罐破裂和 SUV 起火都会促进火球的发展。

图 6.6　在试验 2(气罐安装在 SUV 下方)中,气罐破
裂后,氢气以大约 170 m/s 的速度燃烧[11]

　　总之,这些试验结果表明,预计氢气罐爆炸中的隔离区应延伸至距离燃烧汽车100 m 以上的半径范围。

　　Stephenson[14]研究了以下与氢燃料汽车相关的主要碰撞引发的火灾安全问题:

　　1)碰撞力和暴露于火中;

　　2)燃料箱;

　　3)燃料管路;

　　4)氢化物器件;

　　5)重整装置;

　　6)燃料电池;

　　7)调节器故障;

　　8)多种途径的氢气排放;

　　9)储气罐破裂产生的机械能。

　　针对汽车中常规的氢气储量,压缩氢气罐最好选用 3 型(铝衬板)或 4 型(塑料衬板)碳纤维包覆气罐。这些储罐的典型压力为 345～690 bar(34.5～69.0 MPa)。尽管上述压力看似相当危险,但这些储罐的构造良好,足以承受巨大压力,因而其在碰撞时爆裂概率较低。与此相反,当罐壁受到较少的内部支撑时,罐壁在低压下可能更脆弱。

关于调节器(regulator),许多供应商制造的调节器至少部分放置在储罐内。通过这种方式,调节器得到了很好保护,不太可能在事故中被摧毁。该事件将导致更严重事故,因为储罐的全部内储物被迅速排空,并通过现有点火源或静电放电被点燃。避免此类高压氢气释放的对策是配备一个罐内电磁切断阀,以便尽快阻止高压氢气的释放。

最差的情况是碰撞后氢气罐暴露在另一辆车的液态烃池火(pool fire)中。在这种情况下,纤维复合材料罐是一种良好绝热体,可防止温度和压力大幅上升。尽管部分填充的储罐可能不会超过其正常工作压力,但火灾将逐渐削弱碳纤维或玻璃纤维外包装,如果不排出氢气,最终储罐将爆裂。这通常由过热激活泄压装置(PRD)实现,前提是安全阀从火灾中接收到与储罐相同的热通量。因此,最好同时使用热激活和压力激活 PRD。

另一个问题是压缩气体储罐中储存的机械能(mechanical energy),如果储罐破裂泄漏并产生水平射流,可能会产生约 6 000 N·s 的冲量。该冲量可以使一辆 1 360 kg 的汽车在无摩擦的路面上加速至 16 km/h[14]。

储罐老化(aging of tanks)也是一个严重问题。因此,所有压缩气体储罐应设置有效期,以防止疲劳和腐蚀失效(例如,储罐寿命最多 15 年)。需要一个高压调节器和几米长的管道将供给压力降低到 10 bar(1 MPa)左右。由于所有这些部件都可能在碰撞中严重损坏,并且附近存在点火源,因此假设泄漏的氢气会被点燃是合理的。所以必须保证泄漏体积处于较低水平,以使此类小型火灾释放的能量小于点燃附近材料所需的能量。此外,应谨慎选择氢气管附近的材料,同时也应合理设置间距。

有时,某种氢化物储存装置(hydride storage device)可能是系统一部分。如果该装置安装在压力容器中,则应在氢化物释放全部氢气时保持全压;因此,在这种情况下需要一个泄压装置。此外,如果氢化物系统暴露在电气火灾或液态烃池火中,则应排出全部氢气。

燃料电池含有少量的氢,一旦发生碰撞事故,氢可以容易地穿过薄膜溢出,因此有必要安全地排出这部分氢气。重整系统(reformer system)也存有一些可燃气体和热气体,需要谨慎管理。

综上所述,根据 Stephenson[14] 的观点,主要措施包括以下方面:

1)主要部件以及电线、燃气管路的布置和防护;

2)对于可能暴露于轻微电气火灾或氢气火的零部件,应选择低可燃性材料;

3)在汽车碰撞传感器检测到超过设定严重程度的碰撞后,应快速断开电源和氢气源。氢气也可通过各种系统传感器,如各种管路或部件中的低压、高压或不同温度,在不同管道或组件中进行关闭。

6.2.3　汽车氢气意外泄漏

关于使用氢作为汽车燃料的安全问题,Swain[15]制作了一段视频,展示了氢燃料汽车和汽油燃料汽车在开放空间中的燃料泄漏和点火特征。图 6.7 显示了一些著名的氢燃料汽车起火和汽油汽车起火 1 min 后的照片。从中可以明显看出,氢可以产生很长的垂直喷射火焰和很高的火焰温度。但是氢燃料汽车的车身没有被点燃,火焰只持续了 100 s,后窗内的最高温度仅为 19.5℃。相比之下,汽油车的泄漏形成一场池火,吞没了整辆车。汽车持续燃烧了几分钟,完全被摧毁。该实验表明,至少在特定试验条件,露天环境下氢燃料汽车危险性低于汽油燃料汽车。然而,氢燃料汽车在公路隧道等半封闭空间内发生火灾的后果会严重得多,在车库等封闭空间内更甚。这就是最近针对这一问题进行大量研究的原因,在本章下文和第 9 章中也进行了讨论。

图 6.7　这是从一段视频中截取的图片[15],该视频将人为点燃的氢气罐泄漏引发的火灾与小型汽油燃料管线泄漏火灾进行比较。左图为氢燃料汽车,右图为汽油燃料汽车。点火后 1 min,氢气流开始减弱,汽油车火灾开始扩大。100 s 后,所有的氢都消失了,汽车内部完好无损

地下隧道(underground tunnel)在现代道路交通系统中发挥着重要作用。因此,在氢能经济中,氢能源汽车将经常在普通地下隧道中穿梭。Wu[16]研究了公路隧道中氢能源汽车的潜在火灾危险和火灾场景,以及对现有隧道火灾安全措施和通风系统的影响。该研究开展的 CFD 模拟涉及两种火灾场景,表明氢燃料汽车喷射火危害可能是特有的。对于高泄漏率,火焰可能会导致隧道内氧气不足。氢射流冲击隧道顶棚会产生较高温度,从而损坏隧道基础设施。此外,氢气火灾造成的氧气不足也可能在隧道和通风管道内造成闪火危险。图 6.8 显示了纵向通风控制的隧道内的烟气流动。上游烟气层被称为"逆流",对通风速度很敏感。"临界速度"

是指消除上游逆流并完全阻止烟气流逆风行进时的风速,此时烟气仅向一个方向流动。

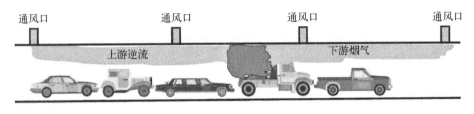

图 6.8　在纵向通风影响下隧道火灾和烟气流[16]

Venetsanos 等[17]对各种汽车场景中的氢释放、扩散和燃烧进行 CFD 建模,旨在研究城市和隧道环境中压缩氢气系统泄放对商用车辆的潜在影响。该研究还与压缩天然气系统的泄放进行比较。他们分析了典型非铰接式单层城市客车。分析结果表明,在隧道最坏情况下,可能会发生爆燃,在非常不利的条件下,会造成强烈湍流(如存在多个障碍物时),可能会演变为 DDT 灾害。

Middha 和 Hansen[18]进行 CFD 数值模拟,以研究隧道内氢燃料汽车风险。这项研究针对装有 700 bar 储气罐的汽车,这些储气罐向上或向下泄放氢气,或者只向上泄放。此外,还对装有 350 bar 储气罐的公交车进行研究,并对两种不同隧道布局和一系列纵向通风条件下的向上泄放开展研究。通过概率风险评估得出最大超压为 0.1~0.3 bar,这代表了有限的人员死亡风险(limited human fatality risk),但在特定位置(如车辆下方),由于反射波的增强,压力稍高。

Baraldi 等[19]模拟研究了 78.5 m 长隧道中氢气大规模意外泄放以及随后的点火和爆燃情况。结果表明,由于氢在结构内部滞留一段时间,在此类半封闭空间内发生爆炸会导致严重后果;这增加了点火可能性,也导致隧道效应引起的压力波增强。因此,1 kg 化学计量比的氢气在隧道环境产生约 150 kPa 的峰值超压,而相同数量和成分的氢气混合物在开放空间点火时仅产生 10 kPa 的峰值超压,隧道内的车辆障碍物并未显著增加爆炸的峰值超压。使用 5 种不同 CFD 软件开展的数值模拟对压力峰值预测较为准确,而在压力上升率方面,实验数据与模拟结果之间的一致性不佳。这种差异归因于网格分辨率、数值格式以及火焰加速度物理描述中的一些误差因素。

汽车用氢的潜在风险是汽车部件会缓慢且持久地将氢气释放到通风不良的封

闭结构(如车库)。这种泄漏可能源于储氢系统密封材料的渗透,且极小尺寸的氢分子会加剧渗透。因此,需要对储氢容器进行特殊考虑,尤其是当容器由非金属衬板(主要是聚合物)构成时。SAE International[20]已经确定了通过容器间隙或容器壁、管道或界面材料的分子扩散参数,Makarov 和 Molkov[21]也引用了该理论,如表 6.1 所示。

表 6.1　材料对氢的相对渗透率[20,21]

[单位:(mol H$_2$)/(s·m·MPa$^{1/2}$)]

材　　料	$T=20℃$	$T=55℃$
钢	$5.47×10^{-11}$	$2.38×10^{-10}$
高密度聚乙烯(HDPE)	$9.30×10^{-13}$	$3.17×10^{-12}$
碳纤维/环氧树脂复合材料	$1.85×10^{-13}$	$5.79×10^{-13}$
303 不锈钢	$4.09×10^{-16}$	$7.69×10^{-15}$
铝	$2.47×10^{-24}$	$7.03×10^{-22}$

Adams 等[22]研究了同样的问题,提出一种方法以估算道路车辆进入封闭空间的氢渗透速率的容许上限。该研究之后,美国机动车工程师学会(SAE)确定了最差车库通风率为 0.03 ACH(每小时换气次数),最高材料温度为 55℃。此外,该研究发现这些空间内的气体分层不明显,因此可假设氢气在低通风率下均匀分布。他们还提出由于老化对整个容器渗透行为的影响是不确定的,因此应乘以系数 2来计算使用寿命和更换容器。

6.2.4　加氢站

第一代商用氢燃料汽车现已上市(尽管价格较高),但目前使用这种汽车的主要问题是尚未建立起完善的加气站网络。因此,氢燃料汽车车主必须将行驶距离限制在能够安全注气的空间范围;显然,缺乏相关基础设施严重阻碍了氢能经济发展。2001 年,冰岛总理首次提出氢能经济国家政策,2002 年欧盟委员会主席Romano Prodi 又提出这一政策。这些政策非常有前景,各国为实现这一目标所做的努力是巨大的。2003 年 1 月,美国乔治·布什总统在国情咨文中表达了同样观点。2004 年 1 月,加利福尼亚州(California)州长施瓦辛格在他的州情咨文中宣布,该州将建设一条氢高速公路[23]。因此,氢气加气站安全性应与其他氢气安全问题同时开展研究。

Markert 等[2]分析了许多与未来可能建设的各种氢基础设施有关的安全问题,这些基础设施将用于在城市区域内为加气站提供充足供应。该作者建议有必要迅速修改建筑规范,特别关注会泄放比空气重的蒸气燃料,如汽油蒸气和液化石油气,但不涉及比空气轻的氢气。例如,要求车库中的通风口应靠近地面,在较高的高度上通常没有开口。显然,这种封闭空间易发生破坏性的氢气爆炸。

根据本质安全设计原则(第7章),通过减少加气站储存量,可以提高加氢站安全性。可通过管道输送,甚至通过小型现场制氢设施实现。在卡车运输情况下,提高安全性的措施是将拖车留在加气站,而不是将气罐车卸载到缓冲存储器。就汽车而言,通过在加气站更换气罐,可极大提高注气安全性,而在偏远地区可方便、安全地将气罐重新加注。

Kikukawa[24]使用CFD模拟对加氢站进行后果分析和安全验证。该研究根据氢气从高压气体设施(例如加氢站的管道)中微孔(0.2 mm)泄漏的水平喷射测试结果进行验证,分析由静电(自燃)和站外火焰引起的点火过程。

Baraldi等[25]在模拟液氢加油站事故场景中对氢气扩散和燃烧进行了CFD模拟,研究了LH$_2$车辆注气过程软管破裂导致的事故场景。假设五种不同环境条件,对未采取缓解措施和采取缓解措施的事故情景进行分析。研究发现,并非所有风向都可以在增加可燃云扩散从而降低最终爆炸超压方面发挥积极作用。图6.9显示了来自西风的未采取缓解措施场景的火焰传播。

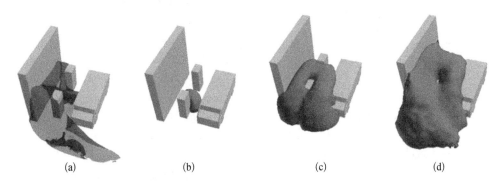

（a） （b） （c） （d）

图6.9　未采取缓解措施时的西风场景,点火位置位于两个加气机之间[25]。图(a)的摩尔分数等值面(0.04)表示初始可燃氢气云,图(b)、(c)、(d)的温度等值面(1 000 K)展示了火焰的传播

为实现同样目标,利用相同的加氢站模型,Makarov等[26]模拟了氢气爆炸,其中氢气以气态储存。共有七个合作伙伴使用各种CFD工具获得九组模拟结果。文章详细介绍了所用模型和数值算法,并给出模拟的瞬态压力,与实验压力数据进行比较。在仿真结果基础上进行模型对比分析。将模拟最大超压和特征升压速率作为主要输出参数。一般来说,尽管一些算法对于汽车后方回流区的超压预测结果相对较大,模拟结果与实验数据仍具有合理的一致性。

Papanikolaou等对预先设定的氢气加注站模型进行定量风险评估(QRA)[27],共模拟15个场景。其中5种情况涉及封闭通风空间(压缩和净化/干燥厂房内)氢气泄漏,10 种情况涉及开放和半封闭空间(储存柜、储存库和一台加气机的注气软管内)的氢气泄放。对开放和半封闭场景的模拟结果表明,风速对可燃气云大小影响有限。主要归因于周围建筑物的存在,这些建筑物在加气站内形成了风场。风险评估参数(如最大可燃氢气质量和混合物体积以及燃烧极限范围内气云的最大水平和垂直距离)主要受泄放速率(即泄漏直径大小)影响。

Ham 等[28]采用 QRA 方法针对虚拟加气站开展氢能安全分析(见第 9 章)。分析结果表明,QRA 方法所获得结果与真实情况下的结果存在很大差异,这可能是受所用计算代码的精度限制。在计算扩散参数(如可燃气云和爆炸物的尺寸)时,获得的扩散范围更广。然而与分析结果相比,数值结果中并未出现这种扩散现象。

参 考 文 献

[1] Kletz, T.A., What you don't have, can't leak. Chemistry and Industry, May 1978, 287 – 292.

[2] Markert, F., Nielsen, S. K., Paulsen, J. L., and Andersen, V., Safety aspects of future infrastructured scenarios with hydrogen refuelling stations, International Journal of Hydrogen Energy, 32, 2227, 2007.

[3] U.S. Department of Transportation, Guidelines for Use of Hydrogen Fuel in Commercial Vehicles, Federal Motor Carrier Safety Administration, November 2007.

[4] Rigas, F., and Sklavounos, S., Evaluation of hazards associated with hydrogen storage facilities, International Journal of Hydrogen Energy, 30, 1501, 2005.

[5] Hord, J., Is hydrogen a safe fuel? International Journal of Hydrogen Energy, 3, 157, 1978.

[6] Swain, M.R., Shriber, J., and Swain, M.N., Comparison of hydrogen, natural gas, liquefied petroleum gas, and gasoline leakage in a residential garage, Energy and Fuels, 12, 83, 1998.

[7] Farrell, A.E., Keith, D.W., and Corbett, J.J., A strategy for introducing hydrogen into transportation, Energy Policy, 31, 1357, 2003.

[8] Zalosh, R., CNG and Hydrogen Vehicle Fuel Tank Failure Incidents. Testing, and Preventive Measures, Technical Support and Evaluation of the Fuel Tank Tests; Recommendations for Research Priorities of Hydrogen Fueled Vehicles, Motor Vehicle Fire Research Institute, 2008.

[9] Zalosh, R., and Weyandt, N., "Hydrogen Fuel Tank Fire Exposure Burst Test," SAE Paper No. 2005-01-1886, 2005.

[10] Weyandt, N., "Intentional Failure of a 5000 psig Hydrogen Cylinder Installed in an SUV without Standard Required Safety Devices," SAE Paper No. 2007-01-0431, 2007.

[11] Zalosh, R., "Blast Waves and Fireballs Generated by Hydrogen Fuel Tank Rupture During Fire Exposure," Proceedings of the 5th International Seminar on Fire and Explosion Hazards, Edinburgh, UK, April 23-27, 2007.

[12] Baker, W., Kulesz, J., Ricker, R., Westine, P., Parr, V., Vargas, L., and Mosely, P., "Workbook for Estimating Effects of Accidental Explosions in Propellant Ground Handling and Transport Systems," NASA CR 3023, August 1978.

[13] Center for Chemical Process Safety, Guidelines for Chemical Process Quantitative Risk Analysis, 2nd edition, American Institute of Chemical Engineers, New York, 2000.

[14] Stephenson, R., "Crash-induced Fire Safety Issues with Hydrogen-Fueled Vehicles," Presented at National Hydrogen Association's 18th Annual U.S. Hydrogen Conference, Washington, D.C., March 2003.

[15] Swain, M. R., Fuel leak simulation, in Proceedings of the 2001 DOE Hydrogen Program Review, NREL/CP-570-30535, U.S. Department of Energy, Washington, D.C.

[16] Wu, Y., Assessment of the impact of jet lame hazard from hydrogen cars in road tunnels, Transportation Research Part C, 16, 246, 2008.

[17] Venetsanos, A. G., Baraldi, D., Adams, P., Heggem, P. S., and Wilkening, H., CFD modeling of hydrogen release, dispersion and combustion for automotive scenarios, Journal of Loss Prevention in the Process Industries, 21, 162, 2008.

[18] Middha, P., and Hansen, O. R., CFD simulation study to investigate the risk from hydrogen vehicles in tunnels, International Journal of Hydrogen Energy, 34, 5875, 2009.

[19] Baraldi, D., Kotchourko, A., Lelyakin, A., Yanez, J., Middha, P., Hansen, O. R., Gavrikov, A., Eimenko, A., Verbecke, F., Makarov, D., and Molkov, V., An inter-comparison exercise on CFD model capabilities to simulate hydrogen deflagrations in a tunnel, International Journal of Hydrogen Energy, 34, 7862, 2009.

[20] SAE International, Technical information report J2579, January 2009.

[21] Makarov, D., and Molkov, V., "Modelling of dispersion following hydrogen permeation for safety engineering and risk assessment," Presented at II International Conference: "Hydrogen Storage Technologies," Moscow, Russia, October 28-29, 2009.

[22] Adams, P., Bengaouer, A., Cariteau, B., Molkov, V., and Venetsanos, A. G., Allowable hydrogen permeation rate from road vehicles, International Journal of Hydrogen Energy, 36, 2742, 2011.

[23] Clark, W. W., Rifkin, J., O'Connor, T., Swisher, J., Lipman, T., and Rambach, G., Hydrogen energy stations: Along the roadside to the hydrogen economy, Utilities Policy, 13, 41, 2005.

[24] Kikukawa, S., Consequence analysis and safety verification of hydrogen fueling stations using CFD simulation, International Journal of Hydrogen Energy, 33, 1425, 2008.

[25] Baraldi, D., Venetsanos, A.G., Papanikolaou, E., Heitsch, M., and Dallas, V., Numerical analysis of release, dispersion and combustion of liquid hydrogen in a mock-up hydrogen refuelling station, Journal of Loss Prevention in the Process Industries, 22, 303, 2009.

[26] Makarov, D., Verbecke, F., Molkov, V., Roe, O., Skotenne, M., Kotchourko, A., Lelyakin, A., Yanez, J., Hansen, O., Middha, P., Ledin, S., Baraldi, D., Heitsch, M., Eimenko, A., and Gavrikov, A., An inter-comparison exercise on CFD model capabilities to predict a hydrogen explosion in a simulated vehicle refuelling environment, International Journal of Hydrogen Energy, 34, 2800, 2009.

［27］ Papanikolaou, E., V enetsanos, A. G., Schiavetti, M., Marangon, A., Carcassi, M., and Markatos, N., Consequence assessment of the BBC H_2 refuelling station using the ADREA-HF code, International Journal of Hydrogen Energy, 36, 2573, 2011.

［28］ Ham, K., Marangon, A., Middha, P., Versloot, N., Rosmuller, N., Carcassi., M., Hansen, O.R., Schiavetti., M., Papanikolaou, E., Venetsanos., A., Engebo, A., Saw., J.L., Saffers., J.B., Flores, A., and Serbanescu, D., Benchmark exercise on risk assessment methods applied to a virtual hydrogen refueling station, International Journal of Hydrogen Energy, 36, 2666, 2011.

第7章 本质安全设计

正如 Amyotte、MacDonald 和 Khan[1] 所讨论的那样,本质安全是一种积极主动的方法,在不过度依赖工程(附加)装置和程序措施的情况下消除或减少危险,从而降低风险。在过去的 35 年,本质安全或本质安全设计(inherently safer design, ISD)的概念已在过程工业中明确,这始于 Trevor Kletz 教授的开创性工作(主要用以应对 1974 年英国弗利克斯伯勒发生的环己烷爆炸)。现有许多关于 ISD 的出版物,如文献[2]与[3]、Khan 和 Amyotte 的综述文章[4],以及 Hendershot 等的文章[5]。

Kletz 教授和其他研究者已制定一些原则或指导方针,以促进工业中本质安全实施。本质安全四个基本原则已被广泛接受:

1)最小化(或强化)(minimization or intensification);

2)替代(substitution);

3)缓和(moderation or attenuation);

4)简化(simplification)。

最小化要求在无法避免使用危险材料的情况下使用尽可能少的危险材料。最小化还可能在不可避免的情况下尽可能少地实施危险流程。替代要求采用危险性较小的材料替代,或使用不涉及危险材料的工艺路线替代。其还可能涉及用危险性较小的过程替代危险的过程。适度意味着以危险性最小的形式使用危险材料,或确定涉及更安全的处理方案,例如较低的温度、压力或转速。简化要求工艺、加工设备和过程的设计方式,以通过降低附加安全功能和保护装置的过度使用来消除错误出现的可能性。

以上描述表明,ISD 的原则关注于物质的物理化学性质与工艺方法,由此可解决物质危害和相应的风险问题。该方法比试图评估给定的替代能源(如氢气)是否安全的方法更可取[6],因此使用"本质安全设计"一词。ISD 理念以及包括检测在内的安全系统被认为是解决氢能安全方面问题的良好开端[7]。

氢气的化学和物理性质在一般的安全考虑以及与本质安全相关的其他方面既有优点也有缺点。关于氢的安全公告(例如文献[8]和[9])通常认为,氢是无色、无臭(odorless)和无味的(tasteless),这意味着人的多数感官将无助于检测泄漏[9]。另一方面,氢比空气轻,扩散迅速且无毒,具有潜在的安全优势[9]。

Molkov[10] 指出,普遍存在的安全概念——权衡(tradeoffs)适用于氢和碳氢化合物。在安全有利方面,Molkov 提到浮力的主要优势在于,与较重的碳氢化合物相比,氢气形成大规模可燃气云的可能性较小。不利的方面包括氢-空气

混合物的引爆能力(比碳氢化合物的引爆能力大)以及与氢分子的扩散能力
(其他燃料更高)[10]。Miller[11] 根据氢的本质特性总结了氢的安全优缺点,如
表 7.1 所示。

表 7.1 氢气安全的优缺点[11]

优　　　点	缺　　　点
由于浮力效应,泄漏通常以高速率分散	无法通过视觉或嗅觉识别泄漏
毒性对健康影响不大(窒息问题仍存在)	点火能量低,在工业中易被点燃
不会发生聚集(pooling)	燃烧下限与上限之间的范围较宽(燃烧下限相对较低)
	火焰不可见
	爆炸会导致显著超压

　　本章给出了本质安全原则在氢气工业中的应用实例。有关 ISD 的资料摘自
Kletz 和 Amyotte 的著作[3]。本章还描述了在给定过程中测量本质安全程度或水平
的尝试,包括一般性的和专门设计用于氢气的测量技术。下一节将介绍风险降低
的程序化方法框架。

7.1　风险控制的层次结构

　　本质安全工作的原则与其他降低风险的方法相结合,即被动和主动工程安全
(passive and active engineered safety)以及程序安全(procedural safety),在控制层次
结构框架(hierarchy of controls)内起作用(或者称之为控制优先级或安全决策层
级)[1,3]。本质安全是降低风险的最有效和鲁棒的方法,处于层次结构最高层;其
次是被动工程安全装置(如泄爆通风口),然后是主动工程安全装置(如自动灭火
系统),最后是程序安全措施(如动火作业许可的火源控制)。图 7.1 给出了这种预
防损失方式的示意图。

　　本质安全不是一个独立概念[1]。如图 7.1 所示,ISD 通过分级安排,配合工程
和程序安全以降低风险。然而,本质安全不一定是所有危险和风险的解决方案。
控制层次结构也不会使设计和程序安全措施的有效性失效。与之相反,控制等级
通过强调对机械装置和人的行为可靠性进行仔细检查的必要性,认识到工程和程
序安全的重要性。例如,Molkov[10] 认为,虽然通风(venting)是最常用的缓解
(mitigation)技术,但将其应用于有限空间的氢-空气爆燃(deflagration)可能会导致
过渡到爆轰(detonation),从而导致超压急剧增加。这与降低此类事件严重性的预
期效果相反[10]。

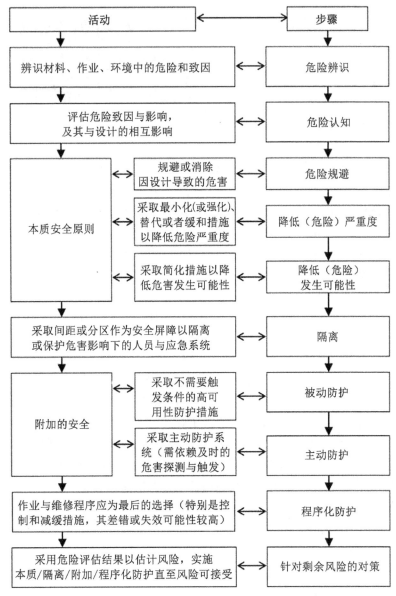

图 7.1 预防损失的系统性方法：控制层次结构[3]

Hendershot[5]将化学过程安全策略的层次结构描述为一系列选项，如图 7.2 所示。这些考虑因素在 Pasman 和 Rogers 的文章[12]中显而易见，其中给出了一些本质安全特性的例子（如本章后续小节所讨论的），以及被动装置（如防火墙和防爆屏障）、主动装置（如传感器、截止阀、通风装置以及催化氧化氢的复合物）和程序措施（如应急响应）。

并非所有的氢安全出版物都认识到 ISD 的重要性，有些试图宣称安全程序和

本质安全策略　　　被动安全策略　　　主动安全策略　　　程序化安全策略

图 7.2　从本质到程序化的系列安全策略[5]

培训是"最重要的预防措施",以扭转风险控制层次结构[13]。其他人则明确认识到本质安全的重要性,强调"重点应该是避免严重的可燃气体云"[14];本书还通过区分被动措施和主动措施隐式采用了控制等级,并评论说,对于氢气,由于广泛易燃性和高反应活性的问题,主动措施的使用可能是一个挑战。在有效性方面最接近ISD 的是,档案文献和大众媒体从被动装置成功和失败的角度讨论了促进氢气安全的被动措施,包括防爆墙[15]和排气泄压系统[16-19]。

7.2　最　小　化

　　避免可燃氢云积聚的需求是尽可能采用最小化原则的关键激励因素。参考文献[14]建议尽可能减少限制以实现这一目标,并指出"最好的墙是没有墙。"(The optimal wall is no wall.)然而,这并不是一个通用的建议,由于在可能的泄漏位置周围放置垂直墙壁,大动量水平泄漏可能会更好地向上引流(从而充分利用氢的强大正浮力)[14]。在氢云着火情况下,工艺区域堵塞的最小化对于限制湍流火焰加速和破坏性超压的产生也是非常有益的[14]。Pasman 和 Rogers[12]在最小化释放量问题上,指出了在处理氢气时对无泄漏连接技术的严格要求。

　　在对加氢站基础设施方案的审查中,Markert 等[7]评论说,目前的方案仍处于开发的早期阶段,因此提供了 ISD 方法带来成本节约的机会。该建议认为,在设计早期考虑本质安全通常是最有效的。虽然在某种程度上可改进 ISD 原则用于现有工厂,但在预先危险和风险评估中纳入本质安全思想可能非常有益。这对于最小化尤为重要,即储存尽可能少的氢气[7]。

　　Markert 等[7]将三种加氢方案与当前的汽油(gasoline/petrol)生产、储存、运输和分发系统进行比较,如图所示 7.3。集中生产和卡车或管道运输的流程(见图 7.3中的前两个非石油选项)如图 7.4 所示。由此可以看出,有必要仔细考虑集中储存和中等规模储存的库存。另一方面,现场选项消除了对中等规模存储的需要,即100%最小化的情况。在从所有这些替代方案中进行选择时,需要考虑大量的安全、环境和成本因素。这里要指出的一点是,ISD 应该是这些因素之一。

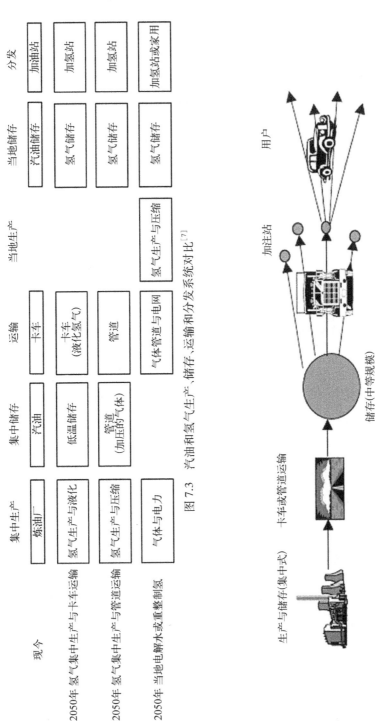

图 7.3 汽油和氢气生产、储存、运输和分发系统对比[7]

图 7.4 集中生产氢气并通过卡车或管道输送的工艺链[7]

Alsheyab、Jiang 和 Stanford[20]的实验工作给出了另一个最小化的例子,从最小化高铁酸盐(ferrate)电化学生产过程中的氢生成的角度出发的。高铁酸盐通常用于表示高铁(Ⅵ)酸盐,尽管根据 IUPAC 命名惯例,它也可能指其他含氧阴离子的铁,例如高铁(Ⅴ)酸盐和高铁(Ⅳ)酸盐。高铁(Ⅵ)酸盐指阴离子

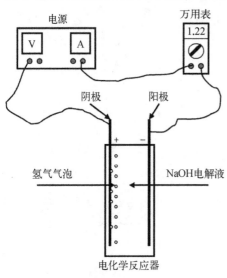

图 7.5　实验室规模高铁酸盐
生产的实验装置[20]

$[FeO_4]^{2-}$,其中铁处于+6 价氧化状态,或形成含有这种阴离子的盐。他们将高铁酸盐描述为一种用于有机合成和水/废水处理的强氧化剂,与其他常用氧化剂(如氯、过氧化氢和臭氧)相比具有若干优点[20]。他们进一步描述了高铁酸盐的电化学生产操作简单、安全性能高,避免了有毒化合物次氯酸盐,因此优于化学生产[20]。实验室规模高铁酸盐生产的实验装置如图 7.5 所示。Alsheyab、Jiang 和 Stanford[20]确定在阴极形成的氢浓度明显低于空气中氢的燃烧下限。工艺集约化带来的 ISD 特征是否在中试和生产工厂规模上适用,是需要进一步研究的关键风险因素[20]。

7.3　替　代

如前所述,替代原则的一种解释是用危险性较小的物质替代物质。这清楚地表明本质安全必须被视为特定的危险。例如,虽然用氮气代替天然气作为清洗管道的吹扫气体,确实消除了与天然气相关的可燃性危险,但也引入了使用氮气时伴随的窒息危险[21]。因此,如果在给定的应用中考虑用其他材料代替氢气,则必须说明需要避免的危险(如当需要比空气轻的气体时,用不可燃的氦气代替可燃的氢气)。

进一步解释上述观点是,使用其他物质不是作为氢的替代品,而是作为避免产生氢的一种手段。球床核反应堆(pebble-bed nuclear reactors)使用氦而不是水作为冷却剂具有从反应堆堆芯中排除水的本质安全优势。因此,在发生故障时,释放氢气的情况也被消除[22]。

然而,正是氢作为一种丰富的、更清洁的燃料特性,使得它作为碳氢化合物等其他燃料的替代品具有吸引力。因此,也有必要援引替代的第二种解释,即用不涉及危险材料的加工路线代替加工路线。这里的一个相关例子是,利用相同原料,通

过两种不同合成路线生产杀虫剂西维因(carbaryl),但反应顺序不同[3]。其中一种工艺生产危险的中间产物异氰酸甲酯(methyl isocyanate, MIC),而另一种工艺则避免生产这种与 1984 年印度博帕尔悲剧相关的化学品(见第 10.2 节)。

上一节中关于储存中氢气库存最小化的例子也与当前关于用一种工艺路线代替另一种工艺路线的讨论相一致。尽管之前已经证明,氢气可通过管道或卡车从集中生产工厂运输[7],但更实用、更具成本效益的生产方法是天然气现场催化重整[23,24]。尽管后一种方法可解决大量氢气库存的问题,但过程中产生的二氧化碳会对环境产生重大影响[24]。为缓解这一问题及其他问题,Guy[24]分别就利用可再生能源和太阳光间接和直接生产氢气的重要性发表评论。这些也是合成路线替代的例子。

7.4 缓　　　和

Pasman 和 Rogers[12]指出氢能够以各种形式运输和储存:① 作为压缩气体;② 吸附在基底材料上(如作为金属氢化物);③ 作为低温液体。在下述讨论中,我们从本质安全(适度)角度简要考虑每一个选项。虽然并非总是能够消除给定的危害,但缓和或减弱材料的形式或处理材料的条件,对降低风险是有益的。

将氢储存为液体具有吸引力,由于其单位体积能量密度[25](或储存体积效率[12])较高。潜在的不利因素包括需要重型的低温储罐[26](特别是在氢作为运输燃料的情况下),以及鉴于氢的正常沸点是-252.9℃(见第 3 章),低温也使得传统检测方法失效,如标记染料、放射性示踪气体和加臭剂[27]。

氢作为一种气体存在着严重的可燃性危险。通过降低气体温度,应用 ISD 缓和原理,可适度降低氢气燃烧下限;氢的正常沸点下限(约为-252.7℃)是空气中体积的 7.8%,而在 25℃和大气压下,空气中体积下限是 4%[28]。降低温度还导致可燃性上限降低,因此可燃性范围变窄。改变气体浓度使其远离化学计量条件,有助于缓和可燃性危害。在 25℃和大气压下,氢气燃烧速度为 3.25 m/s,略高于其化学计量浓度(在空气中的体积分数为 29.5%);在这些条件下,可燃性下限值仅为 0.04 m/s[28]。

Rainer[28]指出,与其他可燃气体一样,氢气可燃范围可通过添加二氧化碳或氮气等来降低。Hendershot 指出控制层次实际上是一系列选项,通常具有不明确或模糊边界[5],特别是如果有害物质(即氢)的性质可通过添加非有害物质(即 CO_2 或 N_2,至少从可燃性的角度来看)借助传感器和警报器等机械装置进行调节。当氢气可燃性使其成为特定应用中的首选燃料时,使用稀释氢气流的可行性问题仍然存在。这些考虑再次表明,当试图通过优先排序的安全措施来降低风险并实现预期操作目标时,需要权衡。

Middha、Engel 和 Hansen 最近的一篇文章[29] 讨论如何保持燃料性能（viability），同时将危险和风险降至最低。这项工作旨在研究向天然气（甲烷）中添加氢气以产生一种混合燃料——氢烷（hythane），与纯组分燃料相比，氢烷具有更低爆炸风险。因为氢气百分比小于 50%，严格地说，这可被视为降低了甲烷爆炸风险，而不是降低了氢气的类似风险。此外，由于氢乙烷是一种不同的燃料，这也可以被视为一个替代例子，从而证明了 ISD 各种原则的互补性。

据报道，Middha、Engel 和 Hansen[29] 的研究动机是在化石燃料和氢气之间需要一种临时燃料。甲烷中氢含量为 8%~30% 的混合燃料具有减少排放的潜力，且不会对现有基础设施进行重大改造[29]。根据其计算流体力学结果，hythane 扩散和爆炸综合风险被确定为与甲烷相当（或在某些情况下更低），在所有研究案例中都低于氢气风险[29]。

金属氢化物提供了一种以固体形式储存氢的方法[25]，并在某些方面为液体和气体储存提供了一种本质上更安全的方法[12]。然而，Pasman 和 Rogers[12] 进一步评论说，虽然氢化物本身可以被视为本质上更安全，但在中等温度下生产具有可接受风险的氢化物和回收氢气仍具有挑战性，因此是需要深入研究的主题。

Yang[30] 指出，金属氢化物（以及化学、碳基和先进材料氢化物）可能在低压下储存大量氢。低压储能是一种经典的适度原理应用；大量库存本质上是对最小化原则的否定。权衡问题再次出现；因此，风险评估必须考虑氢化物系统以及可能大量氢气在高温下的暴露以及意外火灾造成的火焰冲击所导致的压力增加[30]。

7.5　简　化

ISD 简化原则广泛适用于所有工业领域。简化不仅与本质安全有关，也与被动和主动工程安全装置以及程序措施有关。简单而有效的屏障和传感器可降低故障发生的可能性。类似地，一个易于理解的操作程序比从未执行过给定复杂程序的人编写的操作程序更有可能被遵循。

作为 ISD 措施的一种简化方法是使设备足够坚固，以承受任何可预见的意外事件，如压力偏移。这一理念似乎非常适合氢气工业，作为减少对防爆泄压口依赖的一种可能手段。在使用厚壁容器时，成本是一个明显的考虑因素，一些从业者将其视为一种被动措施，而非本质措施。

Xu 等[31] 在研究多层固定式高压储氢容器（SHHSV）时考虑了这些简化观点。他们给出以下旨在提高本质安全性的 SHHSV 特性清单[31]：

1）尽可能均匀的应力分布；

2）尽可能少的焊缝；

3）高抗疲劳性,避免因反复的容器填充和排放引起的压力波动而失效；

4）在线泄漏监测的便捷安排。

规定采用尽可能少的焊缝也与最小化潜在泄漏和失效位置(焊缝、法兰等)的理念有关。

简化整个过程也可避免事故。Guy[24]描述了芝加哥交通管理局的零排放燃料电池巴士系统,其中巴士将压缩氢气储存在气瓶,用于车载燃料电池。每辆公共汽车续航能力为 250 mile(约 402 km);通过让公共汽车在 15 min 内在中心枢纽加注,简化了一个复杂的分布式加氢系统[24]。

Janssen 等[32]研发高压电解槽,以实现更高的制氢系统效率。虽然传统的电解制氢使用低压工艺(通过缓和进行 ISD 的一个例子),但 Janssen 等[32]提出的工艺采用 ISD 简化原则,以消除整体设计中对压缩机和缓冲罐的需求。

7.6 示　　例

ISD 的两个子原则提供了氢工业本质安全应用的其他例子：① 使不正确的装配成为不可能(简化)；② 限制影响(缓和)。正如 Kletz 和 Amyotte[3]所述,这些子原则中的第二条通常等同于避免多米诺骨牌效应或连锁反应。这种情况通常发生在限制危险源处的危险影响和远场后果。如图 7.1 所示,这种方式利用单元隔离在 ISD 和被动屏障之间提供连接。

美国化学品安全委员会(CSB)发布了一份关于正面材料验证的安全公告[33],该公告与采取措施避免装配错误的事项有关[1]。在有关工厂停机期间,从高压高温氢气管线上拆下三个弯头进行清洁。由于生产线工艺条件不同,其中两个弯头由一种强度较高的金属合金组成,另一个弯头由成本较低的碳钢构成。在重新安装过程,碳钢弯头位置不正确,由于腐蚀,导致氢气泄漏和着火,造成大量财产损失和员工轻微伤害。CSB 在此过程中发现了一个关键问题：管道系统设计中,不兼容部件不能互换。所有三个弯头都可由相同低合金钢材料制成,尽管这意味着额外费用。另外弯头 1 可以在尺寸上与弯头 2 和 3 不同,尽管这意味着额外的建设成本[33]。

Segal、Wallace 和 Keffer[34]给出一种限制事故近场效应的方法,其描述了为发动机测试单元提供气态氢气的燃料供应系统。他们设计的一个关键特征是在室外用钢瓶储存 70.5 m^3 的氢气。虽然工程安全装置和可能的程序性措施被纳入其中,但将燃料源与操作人员分开是通过限制影响实现简化的一个例子。然而,应注意的是,压缩气态氢的外部储存需考虑诸如由燃料泄漏和随后的点火引起的湍流喷射碎片等现象[12]。

避免多米诺效应(即对相邻装置的损坏和装置涉及人员的伤害)是氢安全的一个关键方面[13-14]。因此,与氢扩散、爆燃和爆炸有关的安全距离(或伤害阈值)是一个深入研究的领域(例如文献[35][36][37])。图 7.6 给出了这方面研究的一个代表性例子,它显示了不同质量的氢气释放和点燃后对应不同伤害水平的爆炸辐射列线图(nomograph)。图 7.6 来自 Dorofeev[36] 的建模工作,表示低阻塞的情况下加氢站内可能出现的情况。

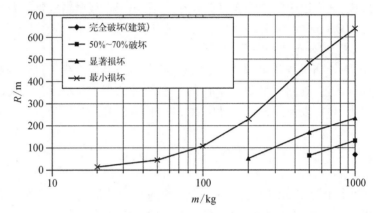

图 7.6　在低阻塞情况下,不同程度建筑破坏的爆炸
半径 R 与释放氢气质量 m 的函数[36]

7.7　本质安全度量

如前几节所示,本质安全设计原则广泛适用于各种用途的氢气生产、分配和利用。本节讨论如何从一系列备选方案中决定如何适当地运用这些原则。

一般来说,存在相对大量的 ISD 评估工具试图衡量给定过程或处理方法的本质安全程度。Khan 和 Amyotte[38]、Khan、Sadiq 和 Amyotte[39]、Kletz 和 Amyotte[3] 等对这些技术进行了综述。

在 20 世纪 90 年代,最早的此类努力之一是在欧洲开展的 INSIDE[INherent SHE(Safety、Health、Environment) In DEsign]项目,该项目产生了 INSET(INherent SHE Evaluation Tool)工具包,以确定整个过程生命周期中本质安全设计选项,并评估选项[3]。还有一些众所周知的过程安全方法,如检查表和假设分析,这些方法已针对 ISD 考虑进行调整,主要旨在识别可由本质安全原则解决的危险方面。

成熟的指数方法,如道氏火灾爆炸指数(F&EI)和道化学暴露指数(CEI)有许多与其计算程序相关的本质安全方面问题。Etowa 等[40]量化了道氏指数(F&EI 和 CEI)的 ISD 特征,并证明了最小化、替代和缓和原则的有益影响。英国拉夫堡大学

的 Edwards 和同事的工作产生了一个专门设计用于解决本质安全加工机会而设计
的指数之一,即本质安全原型指数(PIIS)[41,42]。

21 世纪初,过程安全文献中出现了大量的 ISD 相关程序和评估方法。表 7.2
总结了 2002~2010 年开发的此类技术。对表 7.2 中条目的观察包括以下内容[3]:

1) 许多方法专门处理设计过程的早期概念和路线选择阶段;

2) 有些方法使用复杂的数学和解决问题的技术,如模糊逻辑;

3) 将本质安全与环境和健康问题联系起来,以形成综合方法的趋势越来越
明显;

4) 有人试图将本质安全评估纳入工艺设计模拟器;

5) 一些指数方法已经存在足够较长时间,以便在它们之间进行比较评估。

表 7.2 本质安全评估方法发展示例和评估注意事项说明(2002~2010 年)

参 考 文 献	贡　　献
Khan 和 Amyotte[43]	综合本质安全指数(integrated inherent safety index, I2SI)
Khan 和 Amyotte[44]	进一步开发涵盖成本模型的 I2SI
Carvalho 等[45]	确定化学工艺改造设计备选方案的方法。使用由其他研究人员开发的本质安全指数(inherent safety index, ISI)
Hurme and Rahman[46]	讨论在整个过程生命周期阶段实施本质安全。使用较先前开发的 ISI
Rahman 等[47]	在工艺概念阶段通过专家判断对三个本质安全指标进行比较评估
Hassim 和 Hurme[48]	本质职业健康指数旨在评估工艺研发阶段工艺路线的健康风险。该指数可用于比较工艺路线或确定固有职业健康危害水平
Hassim 和 Hurme[49]	提出职业健康指数(occupational health index, OHI)用于基础工程阶段评估。此方法依赖于管道和仪表图以及平面布置图的可用信息。健康方面的考虑是慢性和急性吸入风险,以及皮肤/眼睛风险
Hassim 和 Hurme[50]	健康商数指数(health quotient index, HQI)是为初步工艺设计阶段评估而制定。该指数通过使用来自工艺流程图的数据来量化工人接触逸散性排放物面临的健康风险。此方法可用于量化流程的风险级别或比较替代流程
Hassim 和 Hurme[51]	估计吸入暴露和风险的方法;借助工艺流程图,在设计阶段的早期使用。化学品暴露风险可通过危害商数法或通过计算致癌物摄入量和由此产生的癌症风险来评估
Hassim 和 Edwards[52]	工艺路线健康指数(process route healthiness index, PRHI)用于量化由替代化学工艺路线引起的健康危害。用于化工厂设计的早期阶段
Gupta 和 Edwards[53]	基于早期开发的拉夫堡本质安全原型指数(prototype index of inherent safety, PIIS)评估本质安全性的图形方法
Cozzani 等[54]	因化学过程失控而形成的分解产物所引起的危害评估程序。适用于考虑替代原则

续表

参 考 文 献	贡　　　献
Landucci 等[55]	在储氢选项的初步工艺流程图(process flow diagram, PFD)阶段评估本质安全性的程序和指标
Landucci 等[56]	基于结果的方法(consequence-based method),用于识别和评估在开发用于制氢的蒸气重整过程中本质上更安全的工厂设计替代方案
Landucci 等[57]	通过使用定量的关键绩效指标(key performance indicator, KPI)消除主观判断,进一步发展 PFD 方法[55]
Tugnoli 等[58]	利用 PFD 在氢供应链早期设计阶段开展定量本质安全评估的方法。评估结果通过一组 KPI 量化过程方案的本质安全性
Landucci 等[59]	基于后果的本质安全评估方法,用于氢汽车生产、分配和利用系统
Cordella 等[60]	进一步发展分解产物分析程序[54],以说明对人类健康、生态系统破坏和环境介质污染的急性和长期危害
Shariff 等[61]	用于初步设计阶段本质安全应用的集成风险评估工具(integrated risk estimation tool, iRET)。iRET 将设计仿真软件 HYSYS 与爆炸后果模型联系起来
Leong 和 Shariff[62]	进一步开发 iRET[61]以纳入定量的本质安全水平(inherent safety level, ISL),从而集成设计模拟软件与本质安全指数模块(inherent safety index module, ISIM)。应用仍处于初步设计阶段
Leong 和 Shariff[63]	ISIM[62]演变为工艺路线指数(process route index, PRI),用于根据路线潜在危险对制造相同产品的不同路线进行比较和排序
Shariff 和 Leong[64]	评估由于使用的化学品和工艺条件,而造成的本质风险的方法。通过与 HYSYS 集成,该方法可在初始设计阶段使用,以确定由于重大事故可能导致风险的概率和后果
Shariff 和 Zaini[65]	开发有毒物质释放后果分析工具(toxic release consequence analysis tool, TORCAT),是一种通过使用本质安全原则进行后果分析和设计改进的工具。该方法采用了集成工艺设计模拟器和有毒物质释放后果分析模型
Rusli 和 Shariff[66]	用于初步设计阶段的定性本质安全设计(qualitative assessment for inherently safer design, QAISD)评估方法。这种定性方法将危害审查技术与本质安全设计概念相结合,以生成本质上更安全的工厂/主动措施
Kossoy 和 Akhmetshin[67]	使用非线性优化方法为给定的反应堆设备和材料配置选择本质上更安全的操作参数。主要关注冷却失效
Shah 等[68]	物质、反应性、设备和安全技术层评估方法(substance, reactivity, equipment and safety technology, SREST),用于化学工艺设计早期阶段环境、健康和安全(environment, health and safety, EHS)方面的评估
Adu 等[69]	在化学工艺设计的早期阶段对评估 EHS 危害的各种方法进行比较评估
Palaniappan 等[70]	过程设计过程中本质安全和废物最小化分析的集成方法
Palaniappan 等[71]	工艺路线选择阶段本质安全分析的索引程序(indexing procedure)

续表

参 考 文 献	贡 献
Palaniappan 等[72]	工艺流程开发阶段本质安全分析的索引程序(indexing procedure)。讨论由 Palaniappan 等开发的程序自动化专家系统 iSafe[71,72]
Srinivasan 和 Nhan[73]	基于统计分析方法的本质良性指标(inherent benignness indicator, IBI),用于比较替代化学工艺路线
Srinivasan 和 Kraslawski[74]	TRIZ 方法用于解决创造性问题,以设计本质上更安全的化学过程
Meel 和 Seider[75]	使用博弈论来实现化学反应器的本质安全操作
Gentile 等[76]	基于模糊逻辑的指数,用于评估本质上更安全的过程替代方案,目的是与过程模拟相关联
Al-Mutairi 等[77]	将本质安全和环境问题与流程调度优化联系起来

注:2002~2008 年的数据来自参考文献[3]。

Edwards[78]在 2005 年评论过程工业更广泛采用本质安全设计原则的潜在障碍时指出,问题可能不是本质安全评估工具的可用性,而是工业界对这些工具的使用有限。原因可能包括其中一些工具所需的主观判断以及随之而来的复杂性[3]。2011 年,工具的可用性似乎相同,但整个行业的接受程度有限。现在就具体参考氢气行业对此发表评论还为时过早,因为氢气行业的 ISD 评估方法最近才出现在工艺安全文献(2007~2010)中。

虽然表 7.2 中一些一般的条目无疑可以应用于涉及氢气的 ISD 评估,但似乎在氢气 ISD 评估方面一直的努力来自意大利比萨和博洛尼亚的团队[55-59]。这一系列出版物对氢安全领域作出了有吸引力且有价值的贡献。从早期设计阶段开始,以图 7.7 所示的基本方法,对存储[55]和生产[56]的 ISD 评估被扩展到包括考虑分配和利用[58],特别是在汽车行业[59]。引入关键绩效指标(KPI)来说明单位、总体和多米诺危害指数[57]。

就工业设计师和其他从业者可能采用的开发方法而言,这一系列工作[55-59]的几个特点值得注意。首先是前面提到的对早期设计阶段的重视,在这个阶段考虑 ISD 通常具有最大影响。第二,人们清楚地认识到,首选术语是本质上更安全(safer)的设计,而不是本质上安全(safe)的设计。这一点在图 7.8 中得到了证明,例如,该图有助于比较液态氢的低温储存[方案(a)和(b)]和金属氢化物的大量储存(bulk storage)[方案(c)]。第三,明确使用本质安全术语。例如,在检查金属氢化物选项时使用替代和缓和[58],以及在控制层次结构中明确地放置 ISD 技术。所有这些都是在氢气工业的各个部门内推进本质安全概念的关键。

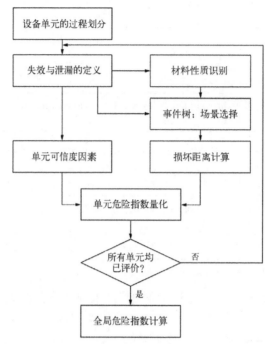

图 7.7 氢气专用 ISD 评估方法流程图,其中 LOC 代表安全壳损坏[55]

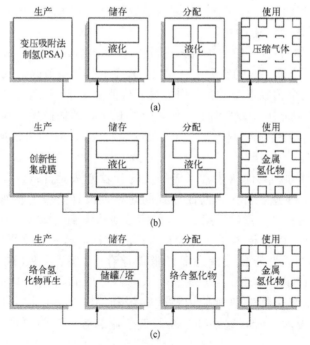

图 7.8 用于 ISD 评估的替代氢供应链[58]

参 考 文 献

[1] Amyotte, P.R., MacDonald, D.K., and Khan, F.I., An analysis of CSB investigation reports for inherent safety learnings, Paper No. 44a, Proceedings of 13th Process Plant Safety Symposium, 7th Global Congress on Process Safety (AIChE 2011 Spring National Meeting), Chicago, IL (March 13 - 16, 2011).

[2] CCPS, Inherently Safer Chemical Processes. A Life Cycle Approach, 2nd edition, John Wiley & Sons, Hoboken, NJ, 2009.

[3] Kletz, T., and Amyotte, P., Process Plants: A Handbook for Inherently Safer Design, 2nd edition, CRC Press/Taylor & Francis Group, Boca Raton, FL, 2010.

[4] Khan, F.I., and Amyotte, P.R., How to make inherent safety practice a reality, Canadian Journal of Chemical Engineering, 81(1), 2 - 16, 2003.

[5] Hendershot, D.C., A summary of inherently safer technology, Process Safety Progress, 29(4), 389 - 392, 2010.

[6] Crowl, D.A., and Jo, Y.-D., The hazards and risks of hydrogen, Journal of Loss Prevention in the Process Industries, 20(2), 158 - 164, 2007.

[7] Markert, F., Nielsen, S.K., Paulsen, J.L., and Andersen, V., Safety aspects of future infrastructure scenarios with hydrogen refueling stations, International Journal of Hydrogen Energy, 32(13), 2227 - 2234, 2007.

[8] General Hydrogen Corporation, Material Safety Data Sheet: Compressed Hydrogen, Washington, PA (undated).

[9] Hydrogen Association, Hydrogen Safety, Fact Sheet Series (undated).

[10] Molkov, V., Hydrogen Safety Research: State-of-the-Art, Proceedings of the 5th International Seminar on Fire and Explosion Hazards, Edinburgh, UK (April 23 - 27, 2007).

[11] Miller, M., Hydrogen Fueling Stations, Institute of Transportation Studies (November 15, 2004).

[12] Pasman, H.J., and Rogers, W.J., Safety challenges in view of the upcoming hydrogen economy: An overview, Journal of Loss Prevention in the Process Industries, 23(6), 697 - 704, 2010.

[13] Roads2HyCom, Hydrogen Safety Measures, Document Tracking ID 5031, www.roads2hy.com (March 30, 2011).

[14] HySafe, Chapter V: Hydrogen Safety Barriers and Safety Measures, Biennial Report on Hydrogen Safety, Version 1.0 (May 2006).

[15] Groethe, M., Merilo, E., Colton, J., Chiba, S., Sato, Y., and Iwabuchi, H., Largescale hydrogen deflagrations and detonations, International Journal of Hydrogen Energy, 32(13), 2125 - 2133, 2007.

[16] Benard, P., Mustafa, V., and Hay, D.R., Safety assessment of hydrogen disposal on vents and flare stacks at high low rates, International Journal of Hydrogen Energy, 24(5), 489 -

495, 1999.

[17] Astbury, G.R., Venting of low pressure hydrogen gas: A critique of the literature, Process Safety and Environmental Protection, 85(4), 289 – 304, 2007.

[18] Wald, M.L., and Pollack, A., Core of stricken reactor probably leaked, U.S. says, New York Times (April 6, 2011).

[19] Tabuchi, H., Bradsher, K., and Wald, M.L., In Japan reactor failings, danger signs for the U.S., New York Times (May 17, 2011).

[20] Alsheyab, M., Jiang, J.-Q., and Stanford, C., Risk assessment of hydrogen gas production in the laboratory scale electrochemical generation of ferrate (VI), Journal of Chemical Health & Safety, 15(5), 16 – 20, 2008.

[21] CSB, Urgent Recommendations from Kleen Energy Investigation, U.S. Chemical Safety and Hazard Investigation Board, Washington, D.C., 2010.

[22] Bradsher, K., Pressing ahead where others have failed, New York Times (March 24, 2011).

[23] Sherman, D., At milepost 1 on the hydrogen highway, New York Times (April 29, 2007).

[24] Guy, K.W., The hydrogen economy, Process Safety and Environmental Protection, 78(4), 324 – 327, 2000.

[25] Motavalli, J., A universe of promise (and a tankful of caveats), New York Times (April 29, 2007).

[26] Leary, W.E., Use of hydrogen as fuel is moving closer to reality, New York Times (April 16, 1995).

[27] Leary, W.E., With shuttle back in space, NASA returns to leak problem, New York Times (October 9, 1990).

[28] Rainer, D., Hydrogen, Journal of Chemical Health and Safety, 15(4), 49 – 50, 2008.

[29] Middha, P., Engel, D., and Hansen, O.R., Can the addition of hydrogen to natural gas reduce the explosion risk? International Journal of Hydrogen Energy, 36(3), 2628 – 2636, 2011.

[30] Yang, J.C., Material-based hydrogen storage, International Journal of Hydrogen Energy, 33 (16), 4424 – 4426, 2008.

[31] Xu, P., Zheng, J., Liu, P., Chen, R., Kai, F., and Li, L., Risk identification and control of stationary high-pressure hydrogen storage vessels, Journal of Loss Prevention in the Process Industries, 22(6), 950 – 953, 2009.

[32] Janssen, H., Bringmann, J.C., Emonts, B., and Schroeder, V., Safety-related studies on hydrogen production in high-pressure electrolysers, International Journal of Hydrogen Energy, 29(7), 759 – 770, 2004.

[33] CSB, Positive Material Verification: Prevent Errors During Alloy Steel Systems Maintenance, Safety Bulletin, No. 2005 – 04 – B, U.S. Chemical Safety and Hazard Investigation Board, Washington, D.C., 2006.

[34] Segal, L., Wallace, J.S., and Keffer, J.F., Safety considerations in the design of a gaseous hydrogen fuel supply for engine testing, International Journal of Hydrogen Energy, 11(11),

737 − 743, 1986.

[35] Matthijsen, A.J.C.M., and Kooi, E.S., Safety distances for hydrogen illing stations, Fuel Cells Bulletin, 2006(11), 12 − 16, 2006.

[36] Dorofeev, S. B., Evaluation of safety distances related to unconfined hydrogen explosions, International Journal of Hydrogen Energy, 32(13), 2118 − 2124, 2007.

[37] Marangon, A., Carcassi, M., Engebo, A., and Nilsen, S., Safety distances: Definition and values, International Journal of Hydrogen Energy, 32(13), 21922197, 2007.

[38] Khan, F.I., and Amyotte, P.R., How to make inherent safety practice a reality, Canadian Journal of Chemical Engineering, 81(1), 2 − 16, 2003.

[39] Khan, F.I., Sadiq, R., and Amyotte, P.R., Evaluation of available indices for inherently safer design options, Process Safety Progress, 22(2), 83 − 97, 2003.

[40] Etowa, C.B., Amyotte, P.R., Pegg, M.J., and Khan, F.I., Quantification of inherent safety aspects of the Dow indices, Journal of Loss Prevention in the Process Industries, 15(6), 477 − 487, 2002.

[41] Edwards, D.W., and Lawrence, D., Assessing the inherent safety of chemical process routes, Process Safety and Environmental Protection, 71(B4), 252 − 258, 1993.

[42] Edwards, D. W., Rushton, A. G., and Lawrence, D., Quantifying the inherent safety of chemical process routes, Paper presented at the 5th World Congress of Chemical Engineering, San Diego, CA (July 14 − 18, 1996).

[43] Khan, F.I., and Amyotte, P.R., Integrated Inherent Safety Index (I2SI): A tool for inherent safety evaluation, Process Safety Progress, 23(2), 136 − 148, 2004.

[44] Khan, F.I., and Amyotte, P.R., I2SI: A comprehensive quantitative tool for inherent safety and cost evaluation, Journal of Loss Prevention in the Process Industries, 18(4 − 6), 310 − 326, 2005.

[45] Carvalho, A., Cani, R., and Matos, H., Design of sustainable chemical processes: Systematic retrofit analysis generation and evaluation of alternatives, Process Safety and Environmental Protection, 86(5), 328 − 346, 2008.

[46] Hurme, M., and Rahman, M., Implementing inherent safety throughout process lifecycle, Journal of Loss Prevention in the Process Industries, 18(4 − 6), 238 − 244, 2005.

[47] Rahman, M., Heikkila, A. M., and Hurme, M., Comparison of inherent safety indices in process concept evaluation, Journal of Loss Prevention in the Process Industries, 18(4 − 6), 327 − 334, 2005.

[48] Hassim, M. H., and Hurme, M., Inherent occupational health assessment during process research and development stage, Journal of Loss Prevention in the Process Industries, 23(1), 127 − 138, 2010.

[49] Hassim, M. H., and Hurme, M., Inherent occupational health assessment during basic engineering stage, Journal of Loss Prevention in the Process Industries, 23(2), 260 − 268, 2010.

[50]　Hassim, M.H., and Hurme, M., Inherent occupational health assessment during preliminary design stage, Journal of Loss Prevention in the Process Industries, 23(3), 476−482, 2010.

[51]　Hassim, M.H., and Hurme, M., Occupational chemical exposure and risk estimation in process development and design, Process Safety and Environmental Protection, 88 (4), 225 − 235, 2010.

[52]　Hassim, M.H., and Edwards, D.W., Development of a methodology for assessing inherent occupational health hazards, Process Safety and Environmental Protection, 84 (5), 378 − 390, 2006.

[53]　Gupta, J.P., and Edwards, D.W., A simple graphical method for measuring inherent safety, Journal of Hazardous Materials, 104(1−3), 15−30, 2003.

[54]　Cozzani, V., Barontini, F., and Zanelli, S., Assessing the inherent safety of substances: Precursors of hazardous products in the loss of control of chemical systems, in Proceedings of American Institute of Chemical Engineers Spring National Meeting (2006).

[55]　Landucci, G., Tugnoli, A., Nicolella, C., and Cozzani, V., Assessment of Inherently Safer Technologies for Hydrogen Storage, IChemE Symposium Series No. 153, in 12th International Symposium on Loss Prevention and Safety Promotion in the Process Industries, Edinburgh, UK, 2007.

[56]　Landucci, G., Tugnoli, A., Nicolella, C., and Cozzani, V., Assessment of inherently safer technologies for hydrogen production, in Proceedings of the 5th International Seminar on Fire and Explosion Hazards, Edinburgh, UK (April 23−27, 2007).

[57]　Landucci, G., Tugnoli, A., and Cozzani, V., Inherent safety key performance indicators for hydrogen storage systems, Journal of Hazardous Materials, 159(2−3), 554−566, 2008.

[58]　Tugnoli, A., Landucci, G., and Cozzani, V., Key performance indicators for inherent safety: Application to the hydrogen supply chain, Process Safety Progress, 28(2), 156−170, 2009.

[59]　Landucci, G., Tugnoli, A., and Cozzani, V., Safety assessment of envisaged systems for automotive hydrogen supply and utilization, International Journal of Hydrogen Energy, 35(3), 1493−1505, 2010.

[60]　Cordella, M., Tugnoli, A., Barontini, F., Spadoni, G., and Cozzani, V., Inherent safety of substances: Identification of accidental scenarios due to decomposition products, Journal of Loss Prevention in the Process Industries, 22(4), 455−462, 2009.

[61]　Shariff, A.M., Rusli, R., Leong, C.T., Radhakrishnan, V.R., and Buang, A., Inherent safety tool for explosion consequences study, Journal of Loss Prevention in the Process Industries, 19 (5), 409−418, 2006.

[62]　Leong, C.T., and Shariff, A.M., Inherent Safety Index Module (ISIM) to assess inherent safety level during preliminary design stage, Process Safety and Environmental Protection, 86(2), 113−119, 2008.

[63]　Leong, C.T., and Shariff, A.M., Process Route Index (PRI) to assess level of explosiveness for inherent safety quantification, Journal of Loss Prevention in the Process Industries, 22 (2),

216 - 221, 2009.

[64] Shariff, A.M., and Leong, C.T., Inherent risk assessment: A new concept to evaluate risk in preliminary design stage, Process Safety and Environmental Protection, 87 (6), 371 - 376, 2009.

[65] Shariff, A. M., and Zaini, D., Toxic release consequence analysis tool (TORCAT) for inherently safer design plant, Journal of Hazardous Materials, 182(1 - 3), 394 - 402, 2010.

[66] Rusli, R., and Shariff, A.M., Qualitative assessment for inherently safer design (QAISD) at preliminary design stage, Journal of Loss Prevention in the Process Industries, 23(1), 157 - 165, 2010.

[67] Kossoy, A., and Akhmetshin, Yu., Simulation-Based Approach to Design of Inherently Safer Processes, IChemE Symposium Series No. 153, in 12th International Symposium on Loss Prevention and Safety Promotion in the Process Industries, Edinburgh, UK, 2007.

[68] Shah, S., Fischer, U., and Hungerbuhler, K., A hierarchical approach for the evaluation of chemical process aspects from the perspective of inherent safety, Process Safety and Environmental Protection, 81(6), 430 - 443, 2003.

[69] Adu, I.K., Sugiyama, H., Fischer, U., and Hungerbuhler, K., Comparison of methods for assessing environmental, health and safety (EHS) hazards in early phases of chemical process design, Process Safety and Environmental Protection, 86(3), 77 - 93, 2008.

[70] Palaniappan, C., Srinivasan, R., and Halim, I., A material-centric methodology for developing inherently safer environmentally benign processes, Computers and Chemical Engineering, 26(4 - 5), 757 - 774, 2002.

[71] Palaniappan, C., Srinivasan, R., and Tan, R., Expert system for the design of inherently safer processes, Part 1: Route selection stage, Industrial Engineering Chemistry Research, 41(26), 6698 - 6710, 2002.

[72] Palaniappan, C., Srinivasan, R., and Tan, R., Expert system for the design of inherently safer processes, Part 2: Flowsheet development stage, Industrial Engineering Chemistry Research, 41 (26), 6711 - 6722, 2002.

[73] Srinivasan, R., and Nhan, N.T., A statistical approach for evaluating inherent benignness of chemical process routes in early design stages, Process Safety and Environmental Protection, 86 (3), 163 - 174, 2008.

[74] Srinivasan, R., and Kraslawski, A., Application of the TRIZ creativity enhancement approach to design of inherently safer chemical processes, Chemical Engineering and Processing, 45(6), 507 - 514, 2006.

[75] Meel, A., and Seider, W.D., Dynamic risk assessment of inherently safe chemical processes: Accident precursor approach, Presented at American Institute of Chemical Engineers Spring National Meeting, Atlanta, GA, 2005.

[76] Gentile, M., Rogers, W.J., and Mannan, M.S., Development of a fuzzy logic-based inherent safety index, Process Safety and Environmental Protection, 81(6), 444 - 456, 2003.

[77] Al-Mutairi, E.M., Suardin, J.A., Mannan, S.M., and El-Halwagi, M.M., An optimization approach to the integration of inherently safer design and process scheduling, Journal of Loss Prevention in the Process Industries, 21(5), 543 – 549, 2008.

[78] Edwards, D.W., Are we too risk-averse for inherent safety? An examination of current status and barriers to adoption, Process Safety and Environmental Protection, 83(2), 90 – 100, 2005.

第8章 安全管理系统

工业实践的一个关键工程工具是适用于所处理风险(过程安全、职业安全、健康、环境、资产完整性等)的管理系统[1]。此类安全管理系统被认为是管理风险的前沿实践方法。它们通常由 10~20 个计划要素组成,必须有效执行这些要素才能以可接受的方式管理风险。风险一旦被识别出来便不会自动消失;除非管理系统积极监控公司运营并采取积极措施纠正潜在问题,否则总有可能发生风险事件[2]。

本章首先从宏观角度讨论安全管理系统。然后审视构成典型管理系统的要素,以专门处理与过程安全相关的问题。接下来简要论述安全文化这一重要且前沿的主题。本章结构类似于 Kletz 和 Amyotte[3](以及相关摘录)中关于过程安全管理和本质安全设计之间关系的讨论,不过这里强调的是采用一种管理方法来确保氢安全的重要性。

8.1 安全管理体系介绍

如第 2 章所述,1989 年得克萨斯州帕萨迪纳(Pasadena, Texas)蒸气云爆炸的根本原因是缺乏危害评估研究和控制维护活动的有效许可制度。这些因素与工厂安全管理系统有关,因为它们实际上超出了工人个人的控制范围。尽管工厂操作员有责任遵守维修和其他活动的安全工作程序,但管理层有责任首先制定这些程序并确保根据需要实施和修订这些程序。现代事故致因理论认为,管理制度缺陷是工业事故的根本原因[4]。

各种研究均认为氢气工业需要一个安全管理系统方法。例如,美国能源部(United States Department of Energy, DOE)在其氢安全技术规划文件中指出[5],氢及其相关系统的持续安全操作、处理和使用需要全面的安全管理。

这种综合安全管理应该采取什么形式? 如本章导言所述,安全管理系统针对特定危险和风险进行定制是最有效的。无论管理方法的目的是防止与个人有关的职业事故,还是更全面的过程事故,某些特征(或应该)是通用的。Stelmakowich[6]描述了职业健康与安全评估体系(Occupational Health and Safety Assessment Series,OHSAS)18 000 的一组框架元素,同样适用于安全领域内的其他方面:

1) 持续改进;
2) 政策制定和高级管理人员支持;
3) 规划(如危险辨识、风险评估、风险控制);

4）实施和运作（如职责分配、培训、应急准备和响应）；

5）检查和纠正措施（如事故调查、审计）；

6）管理审查。

上面清单中给出的管理系统要求被称为计划、执行、检查、行动等通用名称。这四项基本管理功能适用于整个安全管理体系，也适用于构成管理体系各要素。这一点是安全（氢或其他）管理系统方法最重要的特征。

通过参考图 8.1 所示的事故金字塔为安全管理系统提供额外的关注点。多年来各种研究涵盖了多种行业，从职业健康与安全（occupational health and safety，OH&S）角度来看，得出金字塔级别的类别总数不同，但级别之间的比率通常相同（参见 Bird 和 Germain[8]）。正如 Creedy[7] 所解释的：

> 金字塔关注的是非常严重的事故，但在大多数组织中，诸如死亡之类真正严重的事故很少发生，因此将它们用作监控和提高组织安全有效性的措施是不切实际的——此类事故太少，根本不知道它们的情况是在好转还是在恶化。但是，跟踪大量不太严重的事故并将其用作绩效衡量标准是可行的。

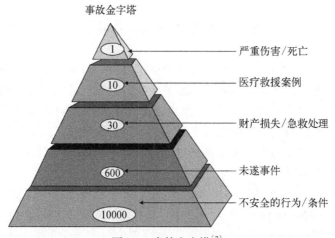

图 8.1   事故金字塔[7]

因此，许多安全管理体系——尤其是那些涉及职业健康安全和避免损失性伤害（lost-time injuries，LTIs）的体系——正确地强调了对侥幸和不安全（或有风险）行为和条件的预防、控制和调查。然而，Creedy[7] 提出警告：

> 金字塔固然是一个有用的概念。但是，它确实存在一个严重问题，即使是工作场所的健康和安全专业人员往往也没有意识到。这个问题是，可能导致真正严重事件的条件——那些可能导致大量人员死亡或严重受伤的事件——可能无法通过关注金字塔底端来识别。因此这可能会分散注意力，而起不到帮助作用。

上述段落中使我们进一步区分职业安全和过程安全。如前所述,职业或"传统"安全主要旨在控制个人暴露(exposure)——通常指滑倒、绊倒和坠落。采用系统方法正确解决过程安全问题,目的是预防和减轻与过程相关的伤害和事故。过程安全的范围主要涉及火灾、爆炸和有毒物质释放。回到事故金字塔(图8.1),如果管理系统旨在促进有效的过程安全工作,那么对未遂事故(near-miss)的调查必须涉及与工艺相关的未遂事故,如工艺容器温度偏移和超压。如果侧重点是过程安全,那么涉及高空作业的职业健康安全调查是无效的,可能会产生反作用(当然,如果侧重点是职业健康安全,这些措施完全合适)。

职业安全和过程安全的区别远非一个简单的学术练习(academic exercise)。如第1章所述,氢在化学和石油工业(广义上讲,过程工业)中被广泛生产和使用,在公共领域的使用上也不断增长[9]。虽然前一个重点领域显然需要考虑过程安全,但后者将涉及运输用途,在这些用途中,个人职业安全问题是最重要的。

在DOE资助的氢和燃料电池项目安全计划文件中,DOE通过对该计划的第一个要素——工作范围[10]提供以下指导来解决上述问题:

> 该计划应简要描述正在执行工作的具体性质,以设定安全计划背景。它应该区分实验室规模的研究、实验室规模的测试、工程开发和原型操作,应描述所有预期的项目阶段。

上述指南指的是,在确定安全计划(本质上是对安全管理体系的描述)要解决的工作范围时,需要识别所关注的危险和受影响的人员。其工作范围[10]继续描述了危险物质(包括氢)产生、使用和储存数量的量化价值,从而强调了本质安全设计(第7章)与有效安全管理之间的联系。完整的DOE安全计划要素见表8.1,下一节将进一步讨论这个框架。

表8.1 美国能源部资助的氢和燃料电池项目的安全计划要素[10]

序 号	要 素
1	工作范围
2	组织安全信息;组织政策和程序;氢和燃料电池经验
3	项目安全;识别安全漏洞;风险降低计划;操作程序;设备和机械完整性;变更程序管理;项目安全文件
4	沟通计划;员工培训;安全审查;安全事件和经验教训;应急响应;自我审核
5	安全计划批准
6	其他意见或关注的问题

8.2　过程安全管理

确定了过程工业中氢的普遍使用以及预防和减轻与过程有关事故的明确需要之后,就可以单独讨论过程安全管理问题。过程安全管理涉及对过程危害的识别、理解和控制,以防止与过程相关的伤害和事故(火灾、爆炸、有毒物质泄漏)。如前所述,这里的讨论也基于 Kletz 和 Amyotte[3],并特别参考了氢安全部分。

Creedy[7]在讲述过程工业安全哲学历史时,描述了四个发展阶段。

1) 19 世纪末 20 世纪初。主要目标是保护资本资产,是炸药工业基本安全思想的起源。

2) 第二次世界大战到 20 世纪五六十年代。在这一时期目标是提高效率并创造一个更好的社会,引入了预防损失和投资人员的概念。安全措施主要基于规则。

3) 20 世纪七八十年代。目标与前一阶段相同。然而,对后果严重性的认识和因果机制引发了对过程的关注,而不是对个体劳动者的关注,因此开发了过程安全的管理方法(这个过程被美国职业健康与安全管理局定义为涉及高度危险化学品的任何活动,包括任何使用、储存、制造、处理或现场移动此类化学品,或这些活动的组合)。

4) 20 世纪 90 年代及以后。我们认识到社会文化因素在个人和组织层面对人类思维过程和行为的重要性。这使人们对人的因素和安全文化等概念的重要性有了更多了解。

目前,我们似乎正处于上述最后两个阶段结合起来的时期——过程安全管理且认识到没有强大的安全文化(将在本章后面定义),即使是理论上最好的管理系统也可能会出现功能障碍。在加拿大广泛使用的一种方法被称为过程安全管理(process safety management, PSM)。完整的 PSM 要素如表 8.2 所示,摘自加拿大化学工程学会(Canadian Society for Chemical Engineering, CSChE)[11]的《过程安全管理指南》。

该指南由加拿大重大工业事故委员会(Major Industrial Accidents Council of Canada, MIACC)的过程安全工作组与加拿大化学品生产者协会(Canadian Chemical Producers' Association, CCPA)(现称为加拿大化学工业协会)的过程安全管理委员会共同编写。随着 1999 年 MIACC 的解散,该指南的权利转移到 CSChE。CSChE PSM 指南[11]中的材料以美国化学工程师协会化学过程安全中心(Center for Chemical Process Safety, CCPS)开发的材料为基础(例如文献[12])。之所以采用 CCPS,是因为 CCPS 过程安全管理方法为全面的,有参考资料、工具和组织结构的充分支持,并且是基于领先或良好行业实践的基准,而非最低标准[11]。

因此,整个北美的 PSM 从业者可能都熟悉表8.2。表 8.2 所示的要素和组件中纳入了最佳实践经验,因此与在世界其他地区从事过程安全工作的人员相关。其他系统可能有更多或更少的要素,术语可能有所不同,或者特定管理系统可能由法规强制执行,但上一节中概述的基本概念是相同的。

表 8.2 过程安全管理要素和组成部分[11]

序号	要 素	组 成 部 分
1	责任:目的和目标	1.1 操作的连续性;1.2 系统的连续性;1.3 组织的连续性;1.4 质量过程;1.5 异常控制;1.6 替代方法;1.7 管理可访问性;1.8 通信;1.9 公司期望
2	工艺知识和文档	2.1 化学和职业健康危害;2.2 过程定义/设计标准;2.3 工艺和设备设计;2.4 保护系统;2.5 正常和异常条件(操作程序);2.6 过程风险管理决策;2.7 公司记忆(信息管理)
3	资本项目审查和设计程序	3.1 拨款申请程序;3.2 风险评价;3.3 选址;3.4 平面布置图;3.5 工艺设计和审查程序;3.6 项目管理程序和控制
4	过程风险管理	4.1 危险辨识;4.2 作业风险分析;4.3 降低风险;4.4 残余风险管理;4.5 紧急情况下的过程管理;4.6 鼓励客户和供应商公司采用类似的风险管理做法;4.7 选择可接受风险的业务
5	变更管理	5.1 工艺技术的变更;5.2 设施变更;5.3 组织变革;5.4 差异化程序;5.5 永久变化;5.6 临时变更
6	工艺和设备完整性	6.1 可靠性工程;6.2 结构材料;6.3 制造和检验程序;6.4 安装程序;6.5 预防性维护;6.6 过程、硬件和系统检查;6.7 维护程序;6.8 报警和仪器管理;6.9 退役和拆除程序
7	人为因素	7.1 操作员-过程/设备界面;7.2 管理控制与硬件;7.3 人为差错评估
8	培训和表现	8.1 技能和知识的定义;8.2 操作和维护程序的设计;8.3 初步资格评估;8.4 培训方案选择和开发;8.5 衡量绩效和有效性;8.6 导师计划;8.7 记录管理;8.8 持续的表现和进修培训
9	事故调查	9.1 重大事件;9.2 第三方参与;9.3 跟进与解决;9.4 沟通;9.5 事件记录、报告和分析;9.6 未遂事故报告
10	公司标准、规范和规定	10.1 外部规范/规定;10.2 内部标准
11	审核和纠正措施	11.1 过程安全管理体系审核;11.2 过程安全审核;11.3 合规审查;11.4 内部/外部审查
12	加强过程安全知识	12.1 质量控制程序和过程安全;12.2 专业贸易和协会计划;12.3 CCPS 计划;12.4 研究、开发、记录和实施;12.5 改进的预测系统;12.6 过程安全资源中心和参考库

如前所述,持续改进是安全管理体系的一个关键特征;在这方面值得注意的是,近期 CCPS 致力于开发基于风险的过程安全(risk-based process safety, RBPS)管理框架[13]。表 8.3 显示了由 20 个元素组成的基于风险的系统。作为表 8.2 中给出的 PSM 方法的演变,RBPS 管理体系在过程安全管理和过程安全文化之间建立了明确联系。

表 8.3　基于风险的过程安全管理系统[13]

事故预防基础	基于风险的过程安全要素
过程安全承诺	过程安全文化 遵守标准 过程安全能力 员工参与 利益相关者外展
危险和风险理解	过程知识管理 危险辨识和风险分析
管理风险	操作程序 安全工作实践 资产完整性和可靠性 承包商管理 培训和绩效保证 管理变革 作业准备 实施操作 应急管理
从经验中学习	事故调查 测量和指标 审核 管理审查和持续改进

　　表 8.2 和 8.3 所示的通用安全管理系统与表 8.1 所示的氢专用安全计划有许多共同点。也就是说，经典的工艺安全概念和方法完全适用于氢气生产、储存和使用。这尤其适用于过程风险管理（表 8.2 中的元素 4），本节稍后将对此进行说明。用一个涉及表 8.2 要素 6 的具体例子进一步说明这一说法的有效性。这个元素的表达术语略有不同，但意思相同，如下所示：

1）表 8.1，设备和机械完整性；

2）表 8.2，工艺和设备完整性；

3）表 8.3，资产完整性和可靠性。

　　CCPA 过程安全管理委员会使用被称为过程相关事件措施（Process-Related Incidents Measure，PRIM）的程序每年收集和分析当时 CCPA 成员公司报告的过程相关事件数据。2004 年对 89 起报告事件的 PRIM 分析表明，表 8.2 的 6 个 PSM 元素占总事件[14]的 85%。如表 8.4 所示，工艺和设备完整性方面缺陷（表 8.2 中第 6项）约占报告事故总数的 24%。图 8.2 显示了此 PSM 要素在 2004 年以及 2004 年之前的五个报告期的组成部分（或子要素）。其中包括预防性维护（第 6.5 项）和维护程序（第 6.7 项）的主要作用。这一观察结果与本章前面的描述一致，即对维修活动的许可证控制不当是 1989 年得克萨斯州帕萨迪纳市发生的涉氢（和其他有害物质）蒸气云爆炸的根本原因之一。

表 8.4　事件因果关系(2004 PRIM 数据)根据表 8.2 中给出的 PSM 要素[14]

序　号	要　　素	事件百分比/%
6	工艺和设备完整性	23.8
2	工艺知识和文档	21.2
4	流程风险管理	16.8
7	人为因素	8.9
5	变更管理	7.3
3	资本项目审查和设计程序	6.5

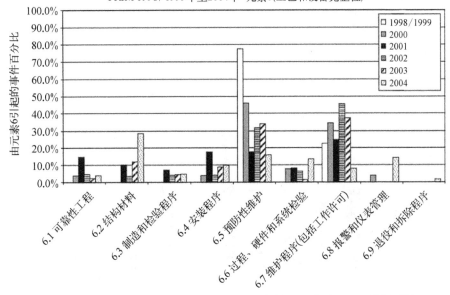

图 8.2　根据表 8.2 中给出的 PSM 要素 6 的事件因果关系(PRIM 数据)[14]

　　PRIM 方法由多位分析师给出(即公司的自我报告),并由过程安全专家团队进行全面审查。因此,对于特定 PSM 要素的相对重要性,特别是对于每年的趋势分析,最后只得出广泛结论。例如,从图 8.3 中得出的结论似乎合理,即在七年的报告期内,PSM 要素 2 至 7(表 8.2)中的缺陷被视为加拿大过程工业企业相关事故的关键因素。在此期间,对这六个要素中的每一个的重视程度各不相同,但每一个都超过了任意阈值(arbitrary threshold),即在给定年份中至少占总事件数的 10%(在 7 年中至少发生一次)。

　　图 8.4 进一步验证了前一段得出的结论。Amyotte、MacDonald 和 Khan[15]的研

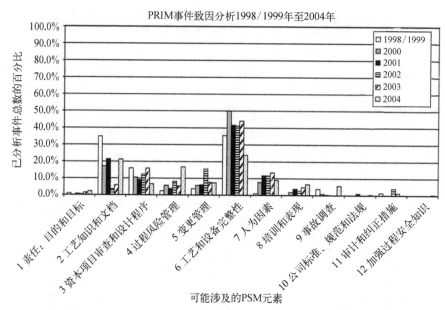

图 8.3　根据表 8.2 中给出的 PSM 要素的事件因果关系(PRIM 数据)[14]

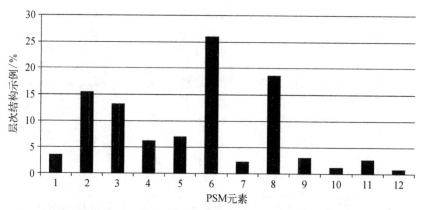

图 8.4　根据表 8.2 中给出的适用 PSM 元素对风险控制示例的层次结构进行细分[15]

究综述了大约 60 份由美国化学品安全委员会(CSB)编写的调查报告;研究从 PSM
角度出发,寻找按控制层次分类的安全措施的应用(或缺乏)示例——固有的、被
动性工程,主动性工程和程序性工程(见第 7 章)。在这里我们又一次看到工艺和
设备完整性的重要性(表 8.2 中的元素 6 或表 8.1 所示的美国 DOE 氢安全计划[10]
元素中的设备和机械完整性)。图 8.4 中 PSM 6 号元素的柱状图中包含了第 7 章
中描述的 ISD 简化示例[16],其中涉及由于结构材料不兼容导致的氢气泄漏和随后
的火灾。图 8.4 表示 PSM 元素 2 到 6(表 8.2)(包括端点)再次占主导地位,如图
8.3 所示。图 8.4 中要素 8(培训和表现)的作用高于图 8.3 中的要素,因为在审查

的 CSB 报告中确定了大量程序安全措施。

虽然 PRIM 类型的分析确实提供了一种旨在改进的优先资源分配方法,但如果不检查所有管理体系要素,就会错失降低风险的机会。例如,在倾向于寻找技术解决方案的工程师的自我报告系统中,责任:目的和目标(图 8.3 中的元素 1)作为事件因果因素的评级低于其他元素是合乎情理的。但事故调查(图 8.3 中的要素 9)是被动的,因此作为预防措施的用途有限;这是一个错误的结论。关于加强过程安全知识(图 8.3 中的要素 12),这很难去了解所不知道的内容。

考虑到这些要点,现在通过表 8.1 给出的系统元素和其他相关示例,对表 8.2 和图 8.3 中提到的一套 PSM 元素在氢气安全方面的应用进行研究。

8.2.1　PSM 要素 1——责任:目的和目标

各级管理层的承诺对 PSM 的有效性是必要的。建立问责制的目标是证明与其他业务目标(例如生产和成本)相比的过程安全状态,为安全过程操作设定目标与具体的过程安全目标。这些目标在内部应该是一致的[11]。

一个有效的过程安全管理体系的根本基础是相信安全是企业的价值,绩效改进需要领导才能取得突破性的成果[17]。澳大利亚国立大学(Australian National University)社会学家 Andrew Hopkins 最近在一本书中讨论了一家公司是否相信有可能实现更高的安全标准问题。Hopkins[18] 描述了公司安全文化的三个概念,认为这三个概念本质上是讨论同一现象的不同方式。

1. 安全文化

安全文化的概念包括以下亚文化[18]:

1)报告文化,在这种文化中,人们报告错误、未遂事件、不合标准的条件、不适当的程序等。

2)公正的文化,在这种文化中,责备和惩罚只针对涉及违抗、鲁莽或恶意的行为,因此不会阻止事件报告。

3)学习文化,在这种文化中,公司从其报告的事件中学习,认真处理信息,并做出相应改变。

4)灵活的文化,在这种文化中,决策过程不会僵硬到不能根据决策的紧迫性和相关人员专业知识而变化。

2. 集体意识

集体意识的概念体现了有意识的组织的原则,它包含了以下过程[18]:

1)专注于失败,这样公司就不会因为成功而产生一种虚假的安全感。一个专注于失败的公司会有一种完善的报告文化。

2）不愿简化数据,这些数据表面上看起来不重要,但实际上可能包含减少未来意外可能性所需的信息数据(请注意,与 ISD 的简化原则不同,此处的简化并不是一个理想的目标)。

3）对运营的敏感性,一线操作人员和管理人员尽可能了解当前运营状况,并了解当前状况对公司未来运作的影响。

4）对弹性的承诺(commitment to resilience),即公司以适合处理困难的方式应对错误或危机,并尊重专业知识,由公司层级中拥有最合适的知识和能力的人来处理问题做出决策。

3. 风险意识

Hopkins[18]指出,风险意识是集体意识的同义词(这显然与安全文化的概念密切相关)。他还描述了一种否认风险的文化,在这种文化中,不仅仅是个人和公司没有意识到风险问题,而是存在着否认风险存在的机制。

从总体上看,DOE 氢安全计划(表 8.1)中的要素 2(组织安全信息)属于该 PSM 要素,特别是组织政策和程序的制定。管理责任也必须渗透到整个安全管理体系中。这可以从 Hopkin 关于安全文化[18]的观点与元素 4"安全事件和经验教训"的相关性中得到证明(表 8.1)。如果不存在一种公正的文化,事故报告充其量只能是零星的,也就无法从不存在的调查报告中吸取教训。可以看出,集体意识和风险意识[18]的概念与表 8.1 中要素 3 的几个组成部分直接相关。例如,安全漏洞识别和风险降低计划。

8.2.2　PSM 元素 2——工艺知识和文档

任何设施的安全设计、操作和维护所必需的信息都应该是书面的、可靠的、最新的,并很容易被需要使用它的人获得[11]。

此 PSM 要素与表 8.1 中的要素 3 组成部分"项目安全"(以及操作程序)之间存在密切对应关系。DOE 氢安全计划[10]包含以下对项目安全文件的要求,所有这些要求都与表 8.2 中的 PSM 要素 2 组件直接相关:

1）有关项目技术的信息;

2）有关设备或装置的信息;

3）安全系统(如报警、联锁、检测或抑制系统);

4）安全审查文件,包括安全漏洞识别;

5）操作程序(包括操作过程中的偏差响应);

6）材料安全数据表;

7）参考资料,如手册和标准。

与此相关的还有 PSM 组件 2.7,公司记忆(信息管理)。该部分的目的是确保从工厂经验中获得的以及可能对设施的未来安全很重要的知识和信息,都被详细记录,这样就不会因为人员和组织变化而被遗忘或忽视[11]。Mannan、Prem 和 Ng[19] 评论说,由于这些变化,组织会在大约 10 年后丢失有价值的信息。鉴于氢工业的某些特征相对较新,以及公众舆论对氢使用的某些方面的敏感性,似乎有必要听取更成熟的加工业部门所经历的教训——有时是重大困难。

8.2.3 PSM 要素 3——资本项目审查和设计程序

许多工业从业者认为,对这一要素的关注会对过程安全管理的有效性产生巨大影响[20]。这里的关键是在设计序列的早期通过使用初步危害分析进行风险评价(表 8.2 中的 PSM 组件 3.2)。这基本上是 DOE 氢安全计划[10]中第 4 要素安全审查下给出的建议,它将审查概念扩展到项目的整个生命周期。根据定义,生命周期考虑事项必须包括项目前端。

因此,PSM 组件 3.3(选址)和 3.4(平面布置图)具有显著意义。在工厂扩建或新工厂选址时,进出相邻工厂或设施的风险是一个重要的考虑因素;同样,在进行平面布置图审查时,应仔细考虑控制室、办公室和其他建筑物的位置[11]。这与第 7.6 节中关于避免连锁反应或多米诺效应以及在控制层次结构中使用单元隔离的安全讨论一致(第 7 章图 7.1)。

更多关注于设施选址和平面布置图审查(临时的和基本的)有助于减轻后果的著名例子,包括 Flixborough[21]的行政管理和控制大楼以及英国得克萨斯城炼油厂的承包商拖车[22]。第 7.6 节给出了几个特定的氢例子,如 Matthijsen 和 Kooi[23] 在确定加氢站的安全距离方面的工作。这项工作的动机是尽量减少外部或第三方风险(即在处理大量有害物质的设施附近生活或工作的人所面临的风险)[23]。

8.2.4 PSM 要素 4——过程风险管理

PSM 指南指出,第 4.1 部分(危害辨识)是过程风险管理中最重要的步骤:如果危害未被识别,就不能在实施降低风险方案时考虑它们,也不能通过应急响应计划加以解决[11]。

这类似于 Crowl 和 Jo[24]对危险和风险的区别;如图 8.5 所示,只有在彻底识别相关危害后,才能对事件概率(或可能性)和后果严重程度的风险成分进行有效评估。Takeno 等[25]、Gerboni 和 Salvador[26]讨论了系统描述(即建立物理和分析范围)和情景识别(即确定可供研究的可信情景)的重要方面。Pasman 和 Rogers[27] 进一步分析称,有必要把重心放在针对这两个风险组成部分的预防和缓解措施上,以促进氢作为运输燃料得以大规模使用。

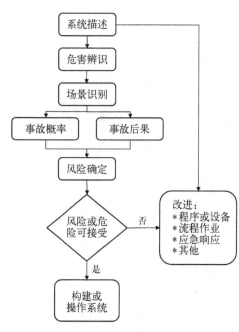

图 8.5　涉及危害识别和风险评估的风险管理过程[24]

PSM 指南[11]中引用了几种识别和评估危险技术,包括故障假设分析(what-if, WI)、检查表(checklist, CL)分析、危险与可操作性(hazard and operability, HAZOP)分析、失效模式和影响分析(failure modes and effects analysis, FMEA)、故障树分析(fault tree analysis, FTA)以及道氏火灾爆炸指数(Dow fire and explosion index, F&EI)和道化学暴露指数(Dow fire and explosion index, CEI)。美国化学工程师协会化学过程安全中心对这些和其他危害识别/风险评估方法进行了详细描述[28]。DOE 氢安全计划[10]对要素 3 的识别安全漏洞(identiication of safety vulnerabilities, ISV)提供了类似指导,其中列出的 PSM 指南[11]中也给出的以下 ISV 方法:FMEA、WI、HAZOP、CL 和 FTA。其他引用的方法包括事件树分析(ETA)和概率(或定量)风险评估(PRA 或 QRA)[10]。这些技术适用于非紧急情况和需要紧急响应的情况(表 8.1 中的要素 4)。

对氢安全文献的综述表明,基本上所有典型的过程安全危害识别技术都已成功地应用于氢工业的各个部门。1984 年 Knowlton[29]使用 HAZOP 研究了氢气作为地面运输燃料的安全性。2009 年,Kikukawa、Mitsuhashi 和 Miyake[30]使用 HAZOP 和 FMEA 识别危害并评估液氢加气站的后续风险(图 8.6)。其风险评估流程如图 8.7 所示;该流程图类似于图 8.5 中给出的一般流程图,但通过使用图 8.7 建议的任何风险降低措施都应彻底检查是否引入了新的危害。

Kikukawa、Mitsuhashi 和 Miyake[30]使用风险矩阵来辨别某个风险是否可以容忍,如图 8.8 所示。风险矩阵是流程工业中常用的决策工具,在 DOE 的氢安全计划[10]中,在要素 3 组件风险降低计划中引用术语“风险分类矩阵”。Norsk Hydro ASA 和 DNV[31]已经为加氢站提供了关于风险矩阵和相关概念的附加信息,即 ALARP(最低合理可行原则)。

Brown 和 Buchier[32]在氢气排放处理和净化装置的研究中,采用了 FTA、HAZOP 和 PHA(预先危险性分析)。图 8.9 显示了氢气压缩机爆炸顶部事件开发的故障树。在其原始形式(图 8.9)中,故障树本质上是一个逻辑图,在压缩机爆炸块下面有一个隐含的“与”门,在爆炸大气形成块下面有隐含的“或”门,在 H₂ 油管

图 8.6　液氢加气站[30]

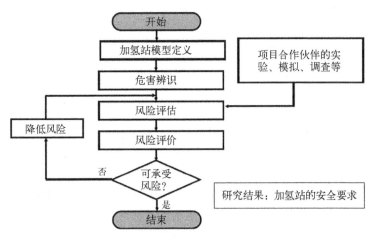

图 8.7　液氢加注站风险评估流程[30]

后果严重性等级		可能性等级			
		A 不可能发生	B 很少发生	C 偶尔发生	D 可能发生
1	极其严重损坏	H	H	H	H
2	严重损坏	M	H	H	H
3	损坏	M	M	H	H
4	少量损坏	L	L	M	H
5	轻微损坏	L	L	L	M

图 8.8　液氢加气站风险矩阵。H 为高风险；M 为中等风险；L 为低风险[30]

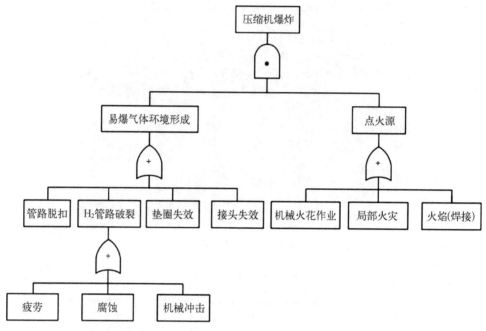

图 8.9 一起氢气压缩机爆炸事故的故障树分析(FTA)[32] *

坍塌块下面有隐含的"或"门。然而,图 8.9 确实显示了这种图形技术在识别导致不希望发生的事件潜在危险方面的用处。

  Roysid、Jablonski 和 Hauptmanns[33] 以及 Rodionov、Wilkening 和 Moretto[34] 分别使用 FTA 和 ETA 进行了生命周期相关的氢使用和配备氢气驱动发动机的私家车的安全性研究。Gerboni 和 Salvador[26] 在氢运输系统方面的工作,以及 Rigas 和 Sklavounos[35] 在关于氢储存设施的工作建立了事件树。

  图 5.4 显示了从 Rigas 和 Sklavounos[35] 的研究中得出的氢释放案例的事件树。图 5.4 再次证明了图形化危害或风险技术的有效性,清楚地阐明了意外事件后各种缓解因素的最终结果。例如,在显著约束的区域释放氢,然后立即点燃会导致爆燃或爆炸。另一方面,同样的释放没有随后的点火和碰撞,导致氢羽流的溶解。然后可借助图 5.4 决定降低风险的措施。

  道氏火灾爆炸指数(F&EI)通常被认为是一种相对风险排序(RRR),Bernatik 和 Libisova[36] 结合 HAZOP、FTA 和 ETA 对城市地区的大型储气罐进行风险评估。鉴于美国消防协会(NFPA)的可燃性数值较高($N_F = 4$),F&EI 非常适用于氢气。然而,由于 NFPA 健康危害值较低($N_H = 0$),道化学暴露指数(CEI)对氢气的使用

---

* 译者注:原图无逻辑门,译者根据理解增加了逻辑门。

有限。Kim、Lee 和 Moon[37]通过 FMEA 和 FTA 结合相对风险指数采用了 RRR,以比较氢气生产、储存和运输活动。

在氢安全文献中也有许多报告描述了如何获取相关知识以更好地理解特定工业危害,这是风险评估过程中的关键步骤,它首先依赖于有效的危害识别。例如,Petukhov、Naboko 和 Fortov[38]通过在直径 12 m 的室内进行爆炸试验,研究了氢-空气混合物在大体积下的爆燃/爆轰关系。Sommersel[39]在一个 3 m 长的通道中进行实验,以更好地了解此类配置中的氢扩散、点火和爆炸演化。

Imamura、Mogi 和 Wada[40]获得了通风管道出口静电放电氢气点火的经验数据。这种情况下的实际问题是在通风管道(例如图 8.10 所示的通风管道)将氢气常规和紧急释放到大气中时可能会着火。这些研究人员确定,当通风管道本身没有接地时,有可能发生接地导体和管道出口之间的静电放电,以及随后引燃氢气。通风管道出口的接地有效地消除了这个问题,从而证明了在这个特定应用中接地作为降低风险措施的有效性[40]。

图 8.10　日本加氢站的通风管道出口[40]

对风险的一个或两个组成部分(事件可能性和后果严重性)进行量化已经在过程工业中变得越来越流行,特别是随着更可靠的故障频率数据库和后果分析计算工具的出现。描述以下用途的文章的大量出现,证明了氢工业也可以有把握地作出同样的声明:① 确定风险场景和故障频率的荷兰紫皮书(Dutch Purple Book)[23,36];② 半定量风险评估方法[41];③ 用于将辐射热量计算转化为一度和二度烧伤以及死亡概率的概率函数[42];④ 高斯分散建模[43];⑤ 贝叶斯网络作为 FTA 和 ETA[44]的补充;⑥ QRA 作为制定基于风险的管理决策的基础[45]。

在这方面,近年来一些最重要的发展是在计算流体动力学(CFD)领域。例如,GexCon CFD 工具 FLACS(火焰加速模拟器)已适用于氢工业,以模拟氢的意外释放和扩散,随后发生点火、火焰和超压发展[46,47]。使用 FLACS 进一步调查在各种自然和人造环境中的广泛氢应用[48-55];这些研究是在欧盟委员会资助的 HySafe 的框架内进行的,第 9 章对其进行简要介绍。

可以针对组件 4.6 对该 PSM 要素做出总结性评论,鼓励客户和供应商公司采用类似的风险管理实践(表 8.2)。由于工程服务外包或承包的常见做法,该组件尤为重要。这通常适用于形成合作伙伴关系和合资企业的大型项目,但也可能适用于通过授予分包合同的较小项目。这些项目的成功在很大程度上取决于各方在风险管理实践的共同程度。最重要的问题是各方是否对安全绩效和风险意识有共同的预期。DOE 氢安全计划[10]在要素 1 工作范围(表 8.1)下解决了这些问题,并提到此类安全计划需要涵盖所有分包商的工作。

8.2.5　PSM 要素 5——变更管理

　　一个管理变更的系统对于任何设施的运营都至关重要。除实物更换外,所有更改都应有书面程序。该系统应解决:明确的变更定义(适用范围);拟变更的描述和技术基础;拟变更对健康、安全和环境的潜在影响;进行更改的授权要求;变更后对员工或承包商的培训要求;更新文件,包括过程安全信息、操作程序、维护程序、警报和联锁设置、消防系统等;"紧急"变化的意外事件[11]。

该 PSM 要素与 DOE 氢安全计划[10]要素 3 组成部分(即变更程序管理,见表8.1)之间存在直接对应关系。该计划[10]的作者似乎听取了 Hansen 和 Gammel[56]的建议,他们指出,虽然变更管理(management of change, MOC)对过程安全仅是一个概念,但如果实施得当,可以预防许多其他行业的事故。

当使用第 7 章中描述的本质更安全的设计原则时,MOC 特别重要。简单地说,内在安全涉及变革,任何工业部门的变革都必须得到管理。因此,必须查明内在安全变化所带来的潜在危险,并将随之而来的危险降低到可接受水平。这与在进行过程更改时寻找本质安全机会的概念一样重要。例如,纳米多孔碳管的发展及其对液氢储存[9]的替代需要仔细考虑使用纳米材料可能引入的新危险。

8.2.6　PSM 元素 6——工艺和设备完整性

　　制造、检查和维护设备的程序对工艺安全至关重要。应使用书面程序来保持工艺设备的持续完整性,例如:压力容器和储罐;管道、仪表和电气系统;过程控制软件;泄压和通风系统及装置;应急和火灾保护系统。控制装置包括监控设备和传感器、警报和联锁装置以及旋转设备。每件设备都应保存有文件记录的档案[11]。

PSM 元件与 DOE 氢安全计划之间的关系已在本节的介绍材料中进行广泛讨论。

关于维护程序(表 8.2 中的 PSM 组件 6.7)的补充意见,遵循美国环境保护署(Environmental Protection Agency)[57]发布的安全警报,该报告建议,使用含有易燃气体(如氢气)储存罐的设施应在以下方面检查其设备和操作:

1) 常压储罐设计;
2) 储罐检查和维护;

3）动火作业安全（hot-work safety）；

4）减少点火源。

虽然此列表的中间两项本质上是程序性的，但第一项和最后一项具有本质安全意味（分别为简化和最小化）。这再次证明了当前章节（安全管理系统）和第7章（本质安全设计）主题之间的联系。

8.2.7　PSM 要素7——人为因素

人为因素是许多过程事故的重要因素。三个关键领域是操作员-过程/设备界面、管理控制与硬件、人为差错评估[11]。

人为错误和潜在的人为因素已被认为是一些涉及氢气的工业事故的原因[58]。Xu[59]提供的数据表明，在1972~2005年发生的此类事故的一个子集中，人为错误是事故总数26%的根本原因（管理系统缺陷占27%）。但是，DOE 的氢安全计划[10]竟没有包含一个单独的元素或组件来明确地解决人为因素。这显然是氢安全管理可以从总体过程安全管理的经验中受益的一个领域。

关于人为因素的 PSM 元素与本质安全设计（ISD）的原则，特别是简化原则有很强的关系（第7章）。组件7.1"操作员-过程/设备界面"（表8.2），涉及以下问题：[11]

1）设备的设计增加了发生错误的可能性（如设备混淆、刻度盘的定位、颜色编码、开/关方向的不同等）；

2）需要进行任务分析（一种逐步检查工作将如何完成的方法），以确定任务过程中可能出现的问题以及如何控制潜在问题领域。

这些问题适用于与氢使用有关的设备和程序以及其他危险材料。

该 PSM 元素的组件7.2"管理控制与硬件"（表8.2）的描述包括：

可以通过使用程序或增加防护设备来控制危险。这种平衡通常与公司文化和经济有关。如果程序被很好地理解，保持最新并被使用，那么它们可能是有效的。类似的保护系统需要定期测试和维护才能有效。应该考虑管理控制和硬件控制问题，并通过有意识的选择来选择平衡点，而不是允许它默认发生[11]。

这种描述可能会给一些读者留下不好的印象，即只有程序（管理）和工程（附加）措施是可用或者有效用于危险控制。如第7章所示，控制层次中的这些类别确实有助于增强氢安全；然而，在尝试与人为错误作斗争时，不应忽视 ISD 的主要有效性。

人为因素的第三个也是最后的组成部分，7.3 人为差错评估（表8.2），可能是过程安全管理中更具有挑战性的领域之一。人为错误评估在工业中变得越来越重要，并成为公众和监管机构日益关注的领域。鉴于之前所述的人为错误是事故原因的关键因素,对于氢工业尤其如此[58,59]。

8.2.8　PSM 元素 8——培训和表现

　　　　人们需要接受正确技能的培训,并不断接受再培训以保持这些技能[11]。

　　与 MOC(第 8.2.5 节)一样,该 PSM 元素与 DOE 氢安全计划[10]之间存在明确而直接的对应关系,其中包括元素 4 的员工培训(表 8.1)。这在一定程度上解释了诸如为在线氢燃料培训计划开发课程等举措背后的基本原理[60]。

　　在这个 PSM 元素的组成部分(表 8.2)中包含了由计划、执行、检查、行动(第 8.1 节)组成的管理周期。DiBerardinis[61]提供的培训方案中的活动在这方面特别合适:

　　1)进行需求分析;

　　2)设定学习目标;

　　3)决定培训的展示和实施方法;

　　4)形式,讲座、小组讨论、动手练习、自学等;

　　5)材料,投影仪、幻灯片、视频、工作簿等;

　　6)评估指令;

　　7)提供教学反馈。

　　Felder 和 Brent[62]在设置教学(学习)目标方面给出了很好的建议。他们说,在设定这样的目标时,应该避免四个主要动词:了解(know)、学习(learn)、欣赏(appreciate)和理解(understand)。虽然工厂员工希望了解、学习、欣赏和理解与氢安全相关的各种问题,但这些不是有效的教学目标,因为无法直接看到它们是否已经完成。有必要考虑要求学员做什么来展示他们对氢安全的了解、学习、欣赏和理解,然后将这些活动作为教学目标[62]。

　　Felder 和 Brent[62]进一步描述了使用行为动词来设定教学目标的概念。根据布鲁姆教育目标分类法(Bloom's Taxonomy of Educational Objectives),氢安全培训的教学目标示例如下:

　　1)知识,列出氢的主要材料危害;

　　2)理解,用自己的话解释适用于氢气本质安全设计问题的适度概念;

　　3)应用,计算几种氢气库存情景的道氏火灾爆炸指数;

　　4)分析,以风险控制措施的层次结构为指导,识别给定氢储存设计中的安全特性;

　　5)综合,开发一个涉及氢气安全某些方面的原创案例研究;

　　6)评估,从可用技术中进行选择,以评估氢基础设施项目给定设计的风险,并证明选择是合理的。

　　(注:尽管布鲁姆教育目标分类法近年来有所修改,但为了与 Felder 和 Brent 的工作保持一致,此处保留了上述原始形式[62]。)

8.2.9 PSM 要素 9——事故调查

要素 4 组成部分的安全事件和经验教训(表 8.1)是与该 PSM 要素对应的 DOE 氢安全计划[10]。如第 8.2.1 节所述,Hopkins[18]确定的三个安全亚文化[公正 (just)、报告(reporting)和学习(learning)]与事件调查问题直接相关。这说明了关于安全管理系统的另一个关键点:构成这些系统的各种元素和组件并不是相互之间几乎没有交互的独立模块。

过程安全文献中包含大量关于如何有效调查工业事故和未遂事故的描述。例如,Goraya、Amyotte 和 Khan[63]开发了一种本质的基于安全的事件调查方法,该方法很容易被改编为调查氢相关事件的基本框架。他们工作的主要特点包括以下方面[63]:

1) 具有最佳实践行业共识的总体框架;
2) 考虑所有潜在损失类别(人员、资产、业务运营和环境)的综合方法;
3) 将证据分类为数据类别(位置、人员、部件和纸张);
4) 为识别因果因素而建立的损失因果模型;
5) 采用分层调查的方法,提出直接的技术性建议,以消除潜在的危害,并改进安全管理体系。

8.2.10 PSM 要素 10——公司标准、规范和规定

需要一个管理系统来确保各种内部和外部最新发布的指南、标准和法规传播给适当的人员和部门,并应用于整个工厂[11]。

如上所述,PSM 指南[11]将这个元素分为两个组件:公司外部的组件和公司运营的内部组件。外部法规包括立法项目,内部标准由设计原则和标准操作程序等项目组成。DOE 氢安全计划[10]在项目安全文件第 3 部分(表 8.1)中部分阐述这些要点,并参考了设备或仪器使用的设计规范和标准。

从过程工业的角度来看,确保氢安全的法规和标准首先应由相关的过程安全管理制度(如美国颁布的高度规范和规范性要求)解决。在更广泛的氢工业的其他部门(如交通运输),世界范围内正在进行大量努力,以在适当的利益相关方投入的情况下制定基于风险的规范和标准[27,45]。

8.2.11 PSM 元素 11——审核和纠正措施

安全审计的目的是确定安全管理工作相对于目标的状态和有效性,以及实现这些目标的进展[11]。

元素 4 组件自我审核(表 8.1)是美国能源部氢安全计划[10]中与此 PSM 要素

相对应的内容(可以说是表 8.2 中给出的更容易解释的元素之一)。尽管 DOE 计划[10]中使用了术语"自我审核",但支持性文件表明需要由项目外部的第三方对审核结果进行核查。

8.2.12　PSM 元素 12——加强过程安全知识

设计过程安全管理体系以实现持续改进。安全要求变得越来越严格,而系统和技术的了解也在不断增长,例如后果建模技术。工艺装置的安全运行要求人员与当前的发展保持同步,并可以随时获取安全信息[11]。

该 PSM 要素在 DOE 氢安全计划[10]中通过要素 2 氢和燃料电池经验得到部分解决(表 8.1)。在安全管理体系的持续改进方面,知识的提高可能比其他任何因素都要重要。下面的例子说明了这一点。

Frank[64]向城市消防部门的人员提出以下问题(虽然他们很清楚公寓楼房火灾的危害,但可能多年没有处理发电厂的火灾):你如何知道发电厂使用氢的? 他的回答是:① 定期参观电厂;② 询问大量储存氢气的位置;③ 要求显示氢气管线和氢冷发电机的位置;④ 考虑发生事故时需要采取的行动[64]。这个极好的建议与许多 PSM 要素有关,例如,涉及危险识别、应急响应、培训等的要素,也与本节开始时给出的 PSM 指南[11]中引用的意图非常一致。

8.3　安　全　文　化

建立了 PSM 和氢安全之间的联系之后,现在就安全文化在当今工业世界的作用提出了一些想法。如本章前几节所述,关于安全文化的讨论遵循 Kletz 和 Amyotte[3]所给出的讨论结果。

毫无疑问,安全文化是一个重要的话题,特别是自 2005 年英国石油公司得克萨斯城事件(BP Texas City Incident)以来[65]。最近还强调了其他领域(如职业健康与安全[66])和其他应用领域(如海上安全[67])的安全文化。8.2.1 节从过程安全管理体系的管理领导和问责角度讨论了安全文化。表 8.3 关于基于风险的工艺安全(risk-based process safety, RBPS)管理[13]列出了 RBPS 四大支柱中的第一个,即致力于过程安全,并强调需要发展和维持过程安全文化。

对有关过程安全文化的文献进行广泛综述超出本书的范围。这里只需说明已经出现的两个关键点:

1) 典型的职业安全指标,如损失时间伤害(LTIs)作为过程安全的主要指标是不合适的(如之前在 8.1 节讨论过的);

2) 领先指标通常被认为比落后指标更有用。

类似于开发方法来衡量过程的固有"安全性"(第7.7节),安全文化度量目前是学术界和工业界都非常感兴趣的一个领域。Hopkins[68]认为,对于过程安全指标来说,最重要的考虑因素可能是它们能够衡量构成风险控制系统的各种控制的有效性。这提供了与构成过程安全管理系统的要素相联系的机会。Glendon[69]认为这方面的工作很少,是工业面临的重大挑战(即将安全文化方法与过程安全方法以及更广泛的系统安全和风险管理概念联系起来)。

未来几年,过程安全文化指标领域将取得进步,尤其是在测量工具专门针对氢气安全的情况下,这将是一个受欢迎的发展。回顾过去和展望未来,也许会有所收获。虽然不一定如此命名,但安全文化一直是几个世纪以来考虑的主题。

粉尘爆炸的最早记录之一是由 Count Morozzo 撰写的,他详细描述了意大利都灵(Turin, Italy)的面粉仓库爆炸事件[70]。其在报告的最后一段中写道:

> 对上述情况的无知,以及对那些应当采取的预防措施的疏忽,往往比最有预谋的恶意所造成的不幸和损失还要多。因此,让所有人知道这些事实是非常重要的,公共事业可以从中获得所有可能的好处[71]。

上述段落充分说明了事件调查和分享经验教训(第8.2.9节)的重要性和建立强大的安全文化的重要性。值得注意的是,它写于200多年前。

通过研究其他领域的应用,可以进一步了解安全文化对氢工业的重要性。在谈到安全文化在纳米技术领域的作用时,Amyotte[72]提出了以下意见:

> 纳米技术领域不希望,也不应该需要博帕尔、邦斯菲尔德或海湾石油泄漏(Bhopal, Bunceield, Gulf oil leak)(重大和/或最近的过程/环境事件)来推动其安全文化。简单地说,纳米技术产业不能忽视化学过程工业所吸取的、有时被忽视的重大安全教训[72]。

这些意见同样适用于涉及氢的生产、分配、储存和使用的行业。正如在本书第10章和其他部分所描述的,已经发生了许多涉及氢的工业事故。要避免更多的事故发生,必须成功地实施许多因素,其中最重要的是承认安全文化的重要性,并采取具体措施,确保安全文化的健全。

氢工业最好向社会和管理科学寻求建议,以了解如何避免自满以及如何最好地注意工业事故之前的警告信号。这些迹象可能难以分辨,并可能引发所谓的偏差正常化[73](其中异常情况被接受为常态)。对高可靠性组织的研究[73]在提供广泛适用的安全文化经验方面大有帮助——这些经验有益于氢工业的各个部门。

参 考 文 献

[1] New integrated management system attempts to link environment, health, safety and process

management, Workplace Environment Health & Safety Reporter, 7(1), 1166, 2001.

[2] Amyotte, P. R., and McCutcheon, D. J., Risk Management: An Area of Knowledge for all Engineers, Discussion paper prepared for Canadian Council of Professional Engineers, Ottawa, Ontario, 2006.

[3] Kletz, T., and Amyotte, P., Process Plants: A Handbook for Inherently Safer Design, 2nd edition, CRC Press/Taylor & Francis Group, Boca Raton, FL, 2010.

[4] Amyotte, P.R., and Oehmen, A.M., Application of a loss causation model to the W estray mine explosion, Process Safety and Environmental Protection, 80(1), 55 − 59, 2002.

[5] DOE, Hydrogen Safety, Technical Plan-Safety; Multi-Year Research, Development and Demonstration Plan, U.S. Department of Energy, pp.3.8 − 1 − 3.8 − 12, 2007.

[6] Stelmakowich, A., Continuous improvement, OHS Canada, 19(7), 38 − 39, 2003.

[7] Creedy, G., Process Safety Management, PowerPoint presentation prepared for Process Safety Management Division, Chemical Institute of Canada, Ottawa, Ontario, 2004.

[8] Bird, F. E., and Germain, G. L., Practical Loss Control Leadership, DNV, Loganville, GA, 1996.

[9] Guy, K.W.A., The hydrogen economy, Process Safety and Environmental Protection, 78(4), 324 − 327, 2000.

[10] DOE, Safety Planning Guidance for Hydrogen and Fuel Cell Projects, Fuel Cell Technologies Program, U.S. Department of Energy, Washington, D.C., 2010.

[11] Canadian Society for Chemical Engineering, Process Safety Management, 3rd edition, Canadian Society for Chemical Engineering, Ottawa, Ontario, 2002.

[12] CCPS, Guidelines for Technical Management of Chemical Process Safety, Center for Chemical Process Safety, American Institute of Chemical Engineers, New York, 1989.

[13] CCPS, Guidelines for Risk Based Process Safety, John Wiley & Sons, Hoboken, NJ, 2007.

[14] Amyotte, P.R., Goraya, A.U., Hendershot, D.C., and Khan, F.I., Incorporation of inherent safety principles in process safety management, Process Safety Progress, 26 (4), 333 − 346, 2007.

[15] Amyotte, P.R., MacDonald, D.K., and Khan, F.I., An analysis of CSB investigation reports concerning the hierarchy of controls, Process Safety Progress, 30, 261 − 265, 2011.

[16] CSB, Positive Material Verification: Prevent Errors During Alloy Steel Systems Maintenance, Safety Bulletin, No. 2005 − 04 − B, U.S. Chemical Safety and Hazard Investigation Board, Washington, D.C., 2006.

[17] Griffiths, S., Leadership, Commitment & Accountability—The Driver of Safety Performance, Process Safety and Loss Management Symposium, 55th Canadian Chemical Engineering Conference, Canadian Society for Chemical Engineering, Toronto, Ontario, 2005.

[18] Hopkins, A., Safety, Culture and Risk: The Organizational Causes of Disasters, CCH Australia Limited, Sydney, Australia, 2005.

[19] Mannan, M.S., Prem, K.P., and Ng, D., Challenges and needs for process safety in the new

millennium, in Proceedings of 13th International Symposium on Loss Prevention and Safety Promotion in the Process Industries, Vol. 1, Bruges, Belgium (June 6 − 9), 2010, pp.5 − 13.

[20] Creedy, G., Private communication, 2005.

[21] Sanders, R. E., Designs that lacked inherent safety: Case studies, Journal of Hazardous Materials, 104(1 − 3), 149 − 161, 2003.

[22] CSB, Refinery Explosion and Fire, Investigation Report, No. 2005 − 04 − I − TX, U.S. Chemical Safety and Hazard Investigation Board, Washington, D.C., 2007.

[23] Matthijsen, A.J.C.M., and Kooi, E.S., Safety distances for hydrogen illing stations, Fuel Cells Bulletin, No. 11, 12 − 16, 2006.

[24] Crowl, D.A., and Jo, Y.-D., The hazards and risks of hydrogen, Journal of Loss Prevention in the Process Industries, 20(2), 158 − 164, 2007.

[25] Takeno, K., Okabayashi, K., Kouchi, A., Nonake, T., Hashiguchi, K., and Chitose, K., Dispersion and explosion field tests for 40 MPa pressurized hydrogen, International Journal of Hydrogen Energy, 32(13), 2144 − 2153, 2007.

[26] Gerboni, R., and Salvador, E., Hydrogen transportation systems: Elements of risk analysis, Energy, 34(12), 2223 − 2229, 2009.

[27] Pasman, H. J., and Rogers, W. J., Safety challenges in view of the upcoming hydrogen economy: An overview, Journal of Loss Prevention in the Process Industries, 23(6), 697 − 704, 2010.

[28] CCPS, Guidelines for Hazard Evaluation Procedures, 2nd edition, Center for Chemical Process Safety, American Institute of Chemical Engineers, New York, 1992.

[29] Knowlton, R.E., An investigation of the safety aspects in the use of hydrogen as a ground transportation fuel, International Journal of Hydrogen Energy, 9(1 − 2), 129 − 136, 1984.

[30] Kikukawa, S., Mitsuhashi, H., and Miyake, A., Risk assessment for liquid hydrogen fueling stations, International Journal of Hydrogen Energy, 34(2), 1135 − 1141, 2009.

[31] Norsk Hydro ASA, and DNV, Risk Acceptance Criteria for Hydrogen Refuelling Stations, European Integrated Hydrogen Project (EIHP2), Contract: ENK6 − CT2000 − 00442 (February 2003).

[32] Brown, A.E.P., and Buchier, P.M., Hazard identification analysis of a hydrogen plant, Process Safety Progress, 18(3), 166 − 169, 1999.

[33] Rosyid, O.A., Jablonski, D., and Hauptmanns, U., Risk analysis for the infra-structure of a hydrogen economy, International Journal of Hydrogen Energy, 32(15), 3194 − 3200, 2007.

[34] Rodionov, A., Wilkening, H., and Moretto, P., Risk assessment of hydrogen explosion for private car with hydrogen-driven engine, International Journal of Hydrogen Energy, 36(3), 2398 − 2406, 2011.

[35] Rigas, F., and Sklavounos, S., Evaluation of hazards associated with hydrogen storage facilities, International Journal of Hydrogen Energy, 30(13 − 14), 1501 − 1510, 2005.

[36] Bernatik, A., and Libisova, M., Loss prevention in heavy industry: Risk assessment of large

gasholders, Journal of Loss Prevention in the Process Industries, 17(4), 271 - 278, 2004.

[37] Kim, J., Lee, Y., and Moon, I., An index-based risk assessment model for hydrogen infrastructure, International Journal of Hydrogen Energy, 36(11), 6387 - 6398, 2011.

[38] Petukhov, V.A., Naboko, I.M., and Fortov, V.E., Explosion hazard of hydrogen-air mixtures in the large volumes, International Journal of Hydrogen Energy, 34(14), 5924 - 5931, 2009.

[39] Sommersel, O.K., Bjerketvedt, D., Vaagsaether, K., and Fannelop, T.K., Experiments with release and ignition of hydrogen gas in a 3m long channel, International Journal of Hydrogen Energy, 34(14), 5869 - 5874, 2009.

[40] Imamura, T., Mogi, T., and Wada, Y., Control of the ignition possibility of hydrogen by electrostatic discharge at a ventilation duct outlet, International Journal of Hydrogen Energy, 34 (6), 2815 - 2823, 2009.

[41] Moonis, M., Wilday, A. J., and Wardman, M. J., Semi-quantitative risk assessment of commercial scale supply chain of hydrogen fuel and implications for industry and society, Process Safety and Environmental Protection, 88(2), 97 - 108, 2010.

[42] LaChance, J., Tchouvelev, A., and Engebo, A., Development of uniform harm criteria for use in quantitative risk analysis of the hydrogen infrastructure, International Journal of Hydrogen Energy, 36(3), 2381 - 2388, 2011.

[43] Ramamurthi, K., Bhadraiah, K., and Murthy, S. S., Formation of flammable hydrogen-air clouds from hydrogen leakage, International Journal of Hydrogen Energy, 34(19), 8428 - 8437, 2009.

[44] Haugom, G.P., and Friis-Hansen, P., Risk modelling of a hydrogen refuelling station using Bayesian network, International Journal of Hydrogen Energy, 36(3), 2389 - 2397, 2011.

[45] MacIntyre, I., Tchouvelev, A. V., Hay, D. R., Wong, J., Grant, J., and Benard, P., Canadian hydrogen safety program, International Journal of Hydrogen Energy, 32(13), 2134 - 2143, 2007.

[46] Middha, P., and Hansen, O.R., Using computational fluid dynamics as a tool for hydrogen safety studies, Journal of Loss Prevention in the Process Industries, 22(3), 295 - 302, 2009.

[47] Middha, P., Hansen, O.R., and Storvik, I.E., Validation of CFD-model for hydrogen dispersion, Journal of Loss Prevention in the Process Industries, 22(6), 1034 - 1038, 2009.

[48] Makarov, D., Verbecke, F., Molkov, V., Roe, O., Skotenne, M., Kotchourko, A., Lelyakin, A., Yanez, J., Hansen, O., Middha, P., Ledin, S., Baraldi, D., Heitsch, M., Eimenko, A., and Gavrikov, A., An inter-comparison exercise on CFD model capabilities to predict a hydrogen explosion in a simulated vehicle refuelling environment, International Journal of Hydrogen Energy, 34(6), 2800 - 2814, 2009.

[49] Middha, P., and Hansen, O.R., CFD simulation study to investigate the risk from hydrogen vehicles in tunnels, International Journal of Hydrogen Energy, 34(14), 5875 - 5886, 2009.

[50] Venetsanos, A.G., Papanikolaou, E., Delichatsios, M., Garcis, J., Hansen, O.R., Heitsch, M., Huser, A., Jahn, W., Jordan, T., Lacome, J.-M., Ledin, H.S., Makarov, D., Middha,

P., Studer, E., Tchouvelev, A.V., Teodorczyk, A., Verbecke, F., and Van der Voort, M.M., An inter-comparison exercise on the capabilities of CFD models to predict the short and long term distribution and mixing of hydrogen in a garage, International Journal of Hydrogen Energy, 34 (14), 5912–5923, 2009.

[51] Baraldi, D., Kotchourko, A., Lelyakin, A., Yanez, J., Middha, P., Hansen, O.R., Gavrikov, A., Eimenko, A., Verbecke, F., Makarov, D., and Molkov, V., An inter-comparison exercise on CFD model capabilities to simulate hydrogen delagrations in a tunnel, International Journal of Hydrogen Energy, 34(18), 7862–7872, 2009.

[52] Venetsanos, A.G., Papanikolaou, E., Hansen, O.R., Middha, P., Garcia, J., Heitsch, M., Baraldi, D., and Adams, P., HySafe standard benchmark problem SBEP–V11: Predictions of hydrogen release and dispersion from a CGH2 bus in an underpass, International Journal of Hydrogen Energy, 35(8), 3857–3867, 2010.

[53] Garcia, J., Baraldi, D., Gallego, E., Beccantini, A., Crespo, A., Hansen, O.R., Hoiset, S., Kotchourko, A., Makarov, D., Migoya, E., Molkov, V., Voort, M.M., and Yanez, J., An intercomparison exercise on the capabilities of CFD models to reproduce a large-scale hydrogen deflagration in open atmosphere, International Journal of Hydrogen Energy, 35(9), 4435–4444, 2010.

[54] Ham, K., Marangon, A., Middha, P., Versloot, N., Rosmuller, N., Carcassi, M., Hansen, O.R., Schiavetti, M., Papanikolaou, E., Venetsanos, A., Engebo, A., Saw, J.L. Saffers, J.-B., Flores, A., and Serbanescu, D., Benchmark exercise on risk assessment methods applied to a virtual hydrogen refuelling station, International Journal of Hydrogen Energy, 36(3), 2666–2677. 2011.

[55] Venetsanos, A.G., Adams, P., Azkarate, I., Bengaouer, A., Brett, L., Carcassi, M.N., Engebo, A., Gallego, E., Gavrikov, A.I., Hansen, O.R., Hawksworth, S., Jordan, T., Kessler, A., Kumar, S., Molkov, V., Nilsen, S., Reinecke, E., Stocklin, M., Schnidtchen, U., Teodorczyk, A., Tigreat, D., and Versloot, N.H.A., On the use of hydrogen in conined spaces: Results from the internal project InsHyde, International Journal of Hydrogen Energy, 36 (3), 2693–2699, 2011.

[56] Hansen, M.D., and Gammel, G.W., Management of change: A key to safety—not just process safety, Professional Safety, 53(10), 41–50, 2008.

[57] EPA, Catastrophic Failure of Storage Tanks, Chemical Safety Alert, U.S. Environmental Protection Agency, Washington, D.C., 1997.

[58] Alsheyab, M., Jiang, J.-Q., and Stanford, C., Risk assessment of hydrogen gas production in the laboratory scale electrochemical generation of ferrate (VI), Journal of Chemical Health & Safety, 15(5), 16–20, 2008.

[59] Xu, P., Zheng, J., Liu, P., Chen, R., Kai, F., and Li, L., Risk identification and control of stationary high-pressure hydrogen storage vessels, Journal of Loss Prevention in the Process Industries, 22(6), 950–953, 2009.

[60] TEEX Developing Hydrogen Fuel Training Program, Occupational Health & Safety (April 24, 2011).

[61] DiBerardinis, L.J. (Editor), Handbook of Occupational Safety and Health, 2nd edition, John Wiley & Sons, New York, 1999.

[62] Felder, R.M., and Brent, R., Objectively speaking, Chemical Engineering Education, 31(3), 178–179, 1997.

[63] Goraya, A., Amyotte, P.R., and Khan, F.I., An inherent safety-based incident investigation methodology, Process Safety Progress, 23(3), 197–205, 2004.

[64] Frank, J., Observations on pre-emergency planning, Industrial Fire World (June 2007).

[65] Hendershot, D.C., Process safety culture, Journal of Chemical Health and Safety, 14(3), 39–40, 2007.

[66] Erickson, J.A., Corporate culture. Examining its effects on safety performance, Professional Safety, 53(11), 35–38, 2008.

[67] Antonsen, S., The relationship between safety culture and safety on offshore supply vessels, Safety Science, 47(8), 1118–1128, 2009.

[68] Hopkins, A., Thinking about Process Safety Indicators, Working Paper 53, National Research Centre for OHS Regulation, Australian National University (paper prepared for presentation at the Oil and Gas Industry Conference, Manchester, UK, November 2007).

[69] Glendon, I., Safety culture and safety climate: How far have we come and where should we be heading? Journal of Occupational Health and Safety — Australia and New Zealand, 24(3), 249–271, 2008.

[70] Amyotte, P.R., and Eckhoff, R.K., Dust explosion causation, prevention and mitigation: An overview, Journal of Chemical Health and Safety, 17(1), 15–28, 2010.

[71] Morozzo, C., Account of a Violent Explosion Which Happened in the Flour-Warehouse, at Turin, December the 14th, 1785; To Which Are Added Some Observations on Spontaneous Inflammations, From the Memoirs of the Academy of Sciences of Turin (London: The Repertory of Arts and Manufactures, 1795).

[72] Amyotte, P. R., Are Classical Process Safety Concepts Relevant to Nanotechnology Applications? Nanosafe2010: International Conference on Safe Production and Use of Nanomaterials, Journal of Physics: Conference Series, 304, 2011.

[73] Hopkins, A. (Editor), Learning from High Reliability Organisations, CCH Australia Limited, Sydney, Australia, 2009.

第9章 欧洲氢能安全研发架构(HySafe)

本章简要介绍全球范围内开展的一项更全面的氢能安全举措,HySafe(Safety of Hydrogen as an Energy Carrier)。本章目的不是详尽说明所有 HySafe 活动和成果,而是鼓励读者进一步探索可能感兴趣的研究和教学内容。因此,本章内容安排如下:卓越网络 HySafe 概述,对重要研究资料和项目的介绍,以及氢能安全的教学课程。

撰写本章时主要参考的两个资源是 HySafe 网站[1]和 Jordan[2]最近的文章(2011年),读者可进一步阅读。Jordan[3]和 HySafe[4]分别提供了 2006 年和 2007 年的 HySafe 架构展望。Molkov[5]在 2008 年出版的《过程工业损失预防》(*Journal of Loss Prevention in the Progress Industries*)氢能安全特刊的序言中对 HySafe 活动提出了建议,这项活动旨在促进氢和燃料电池技术的安全使用。

Dorofeev[6]在 2003 年第一届欧洲氢能会议(大约在 HySafe 正式启动前六个月)的演讲中,提出了 HySafe 的目标,具体如下:

1)促进解决氢能安全问题的共识和方法;
2)整合欧洲氢能安全方面的经验和知识;
3)整合和协调分散的研究基础;
4)为欧盟(EU)的安全规范、标准和行为准则做出贡献;
5)致力于改进处理氢作为能源载体的技术;
6)促进公众接受氢技术。

在 2011 年,上述目标被总结为如下内容[2]:

1)加强、聚焦、整合氢能安全碎片化研究;
2)形成一个自足自给、具有竞争力的科学和工业社会;
3)提高公众对氢技术的认知和信任;
4)建立良好的安全文化。

列举这两个相同目标,是为了展示在这相对较短的 8 年内氢能安全思想的演变。这并不是对 HySafe 目标的细化,而是用与安全领域最新发展相适应的方式重新表述。2011 年的目标强调了公众认知、信任问题(与接受思想相比)和优秀的安全文化(与改进的技术文化相比)[2]。这些是受欢迎的发展,与本书之前提出的观点一致(如第 8.3 节)。

9.1 欧洲氢能安全研发构架概述

考虑到上述目标,欧盟委员会(EC)建立并支持卓越构架(NoE)Hysafe,开始日期为 2004 年 3 月 1 日[2]。2009 年 2 月 26 日，HySafe 联盟的大多数成员成立了一个后续组织，即国际氢能安全协会，HySafe［the International Association for Hydrogen Safety，HySafe（IA）][2]的官方标志如图 9.1 所示。

图 9.1　卓越网络 HySafe 和国际氢安全协会 HySafe（IA）的标志[2]

　　HySafe 联盟由德国 Forschungszentrum Karlsruhle 发起[2]，自 2009 年 10 月 1 日起与 Universitat Karlsruhle 合并，组成了卡尔鲁勒理工学院（KIT）[7]。HySafe 参与者包括来自 13 个国家（12 个欧洲国家和加拿大）的 25 个机构，约 120 名科研人员[2]。参与的组织包括 12 个公共研究机构、7 个工业合作伙伴、5 所高校和 1 个政府机构[2]，详情如表 9.1 所示。Molkov 对 HySafe 网络的起源和目标作了进一步阐释[8]。

表 9.1　卓越网络 HySafe 联盟成员[2]

组　　　织	缩　写	国　　家
卡尔斯鲁厄研究中心 （Forschungszentrum Karlsruhle GmbH）	FZK	德国
法国液化空气集团（L'Air Liquide）	AL	法国
联邦材料研究与测试研究所 （Federal Institute for Materials Research and Testing）	BAM	德国
建筑研究机构有限公司 （Building Research Establishment Ltd.）	BRE	英国
原子能总署（Commissariat a l'Energie Atomique）	CEA	法国
挪威船级社（Det Norske Veritas AS）	DNV	挪威
弗劳恩霍夫协会（Fraunhofer-Gesellschaft ICT）	Fh – ICT	德国
德国于利希研究中心（Forschungszentrum Julich GmbH）	FZJ	德国
挪威杰士康公司（GexCon AS）	GexCon	挪威
英国健康与安全实验室 （The United Kingdom's Health and Safety Laboratory）	HSE/HSL	英国
INASMET 基金会（Foundation INASMET）	INASMET	西班牙

续表

组 织	缩 写	国 家
国家工业环境与风险研究所 (Institut National de l'Environnement Industriel et des Risques)	INERIS	法国
欧盟委员会-JRC-能源研究所 (European Commission — JRC — Institute for Energy)	JRC	荷兰
德谟克里特国家科学研究中心 (National Center for Scientiic Research Demokritos)	NCSRD	希腊
挪威国家石油公司(StatoilHydro ASA)	SH	挪威
丹麦技术大学/Riso 国家实验室 DTU/Riso National Laboratory	DTU/Riso	丹麦
国家应用科学研究院(TNO)	TNO	荷兰
卡尔加里大学(University of Calgary)	UC	加拿大
比萨大学(University of Pisa)	UNIPI	意大利
马德里理工大学(Universidad Politecnica de Madrid)	UPM	西班牙
阿尔斯特大学(University of Ulster)	UU	英国
沃尔沃技术公司(Volvo Technology Corporation)	Volvo	瑞典
华沙理工大学(Warsaw University of Technology)	WUT	波兰
俄罗斯研究中心库尔恰托夫研究所 (Russian Research Centre Kurchatov Institute)	KI	俄罗斯

9.2 HySafe 工作文件资料和项目

正如 Jordan 所述(以图形方式展示),HySafe 活动包括 15 个工作文件资料和三个内部项目[2],这些项目包含在四个"活动集群"中:

1)基础研究;

2)风险管理;

3)传播;

4)管理。

上述内容表明 HySafe 活动侧重于通过基础研究和应用研究、有效的整体管理以及研究结果的发表和展示来获取知识。

HySafe 网站上给出的 15 个工作文件资料包括[1]:

1)氢能安全两年期报告;

2）实验设施的整合；

3）情景和现象排查；

4）氢气事件和事故数据库；

5）主要的计算流体动力学(CFD)练习和指南；

6）绘制优先级和评估；

7）氢气泄放、分布和混合；

8）氢点火和喷射火；

9）氢气爆炸；

10）缓解；

11）风险评估方法；

12）氢能安全国际会议；

13）氢安全网络学院(在第9.3节中讨论)；

14）标准和法律要求；

15）材料兼容性和结构完整性。

在上述工作文件资料中可以看出与专注于基础和应用研究、网络管理以及研究和教学产品传播的活动集群的明确联系。

HySafe 网站上还确定了下述三个内部项目[1]。

1. InsHyde

该项目可理解为,在密闭和部分密闭的环境中释放氢气——即使是看似很低的速率释放——也可能会造成重大问题,因为可燃气体积聚可能会点燃,从而可能导致爆燃和爆轰[2]。InsHyde 项目通过将氢气释放、混合和燃烧的理论和实验研究相结合,研究了与室内氢气使用相关的问题[2]。其次,还进行传感器评估[2],从而解决了层次化安全控制结构的主动工程类别(第7.1节)。

2. HyTunnel

HyTunnel 项目也涉及密闭环境,正如其名称所表明的那样,具体的几何形状是一个隧道。这项工作源于管理与隧道火灾有关的危险和风险的需求,特别是考虑到欧盟关于公路隧道安全的相关规定[2]。除了火灾和爆炸模拟的性能之外,还广泛使用数值建模,以便更好地理解以下影响扩散的参数之间的复杂相互作用：① 氢气释放；② 隧道几何形状；③ 通风系统设计[2]。浮力在氢气扩散中发挥了关键作用,增加隧道高度会降低风险[2],这是第7章中讨论的氢能本质安全的内容之一。

3. HyQRA

该项目将基础科学研究与工业相关应用联系起来[2],研发符合氢能技术所需的细节水平或可行的定量风险评估（QRA）工具[2]。在 QRA 过程的各个方面寻求改进：① 筛选模型；② 场景选择；③ 点火概率；④ 点火模型；⑤ 结构响应；⑥ 验收标准[2]。其中一些要点已在第 8.2.4 节 PSM 要素过程风险管理中讨论过。

HySafe 网站[1]和 Jordan[2]提供了有关上述各种工作文件资料和内部项目产生的产品（即可交付成果）的信息。一些研究成果也发表在档案文献中；现提供从《国际氢能杂志》（*International Journal of Hydrogen Energy*）中精选的示例以结束本节。这些示例的重点是过程安全和职业安全（如第 8.1 节中所定义和讨论的），尽管不一定被称为"纯"工艺环境，例如炼油厂的氢气升级部分。显然，必须保护工业工人免受氢危害，公众也必须如此。因此，人们在这些 HySafe 可交付成果中看到专注于车库、运输隧道和加油站的应用。

HySafe 工作的严谨之处是使用标准基准训练问题（SBEP）。Venetsanos[9]提供关于旨在预测车库中氢气分布和混合模式的 InsHyde SBEP 细节。为了减少数值模拟器预测结果的变化[9]，采用 10 种不同的 CFD 代码，其中包含 8 种不同的湍流子模型。在随后的研究中，Venetanos 总结了 InsHyde 项目的成果，其中包括从扩散和燃烧实验中获得的实验数据、商用氢气探测器的性能评估以及进一步的 CFD 代码比对[10]。

Barald 描述 HyTunnel SBEP，使用五种 CFD 代码，同样具有不同的湍流和燃烧子模型，用于模拟 78.5 m 长的隧道中化学计量浓度下的氢-空气混合物的爆炸过程[11]。数值模拟结果之间相互比较，也与相同几何形状的实验数据进行比较，确定数值模拟结果与实验中获取的最大超压具有良好的一致性[11]。Middha 和 Hansen 使用 GexCon 代码 FLACS（第 8.2.4 节）对不同隧道工况中的最坏情况和更现实（即可信）情况进行了氢能汽车风险评估[12]。Venetsanos 又使用各种 CFD 代码对地下通道中氢燃料公交车的氢释放和扩散开展了研究[13]，即前文引用的隧道研究是一个半封闭环境（但也有屋顶障碍物），就像屋顶和楼板风格的建筑一样。

QRA 有两个基本参数：概率（或可能性）的量化和后果严重性的量化。Garcia 使用 CFD 代码进行了比对研究，以预测 2 094 m³ 的化学计量浓度下的氢气-空气混合物在无约束环境中爆炸的后果严重性[14]。这项工作的实际应用场景是假设氢加注站发生意外泄漏并发生氢气爆炸[14]。Ham 在具有脆弱环境的"虚拟"加氢站中应用各种 QRA 方法进行风险分析，并用 CFD 对后果建模时考虑了这种情况[15]。该研究的一个关键结论是：数值模型在近场和（或）封闭区域的结果更真实，而在露天环境中，数值模拟与解析计算相比没有明显的优势[15]。该领域需要开展进一步工作，这对保障现场工作人员和普通非现场成员的安全都有意义[15]。

9.3　氢能安全网络学院

上一节重点介绍了 HySafe 卓越网络的一些研究成果，特别是使用实验数据验证 CFD 代码以及对基础代码假设和子模型的评估。在本章的最后,我们转向氢能安全的教育和培训问题。

Dahoe 和 Molkov 描述了阿尔斯特大学(University of Ulster)与其他 HySafe 合作伙伴主导建立的氢能安全网络学院[16]。他们详细介绍了以远程学习模式并提供氢能安全研究生证书的课程,以及一年一度的欧洲氢能安全暑期学校。这两种模式都旨在实现氢能安全网络学院的下述目标:

1)通过制定和实施氢能安全工程国际课程,整合学术机构和其他机构;

2)开发氢能工业组织数据库,以形成潜在受训者市场,并传播网络互动的成果;

3)建立专家库,以提供有关氢能安全的联合培训/教学和对研究生的联合监督。

上述第一个目标的关键要素是氢能安全工程国际课程(该网络学院[16]的"支柱")。本课程在 HySafe 网站[1]上的最新版本如表9.2所示。课程主题包含 15 个模块,分为三个主题领域:基础知识(basic)、基本原理(fundamental)和应用(applied)。基础知识模块用于本科生水平,基本原理模块和应用模块用于研究生水平[1]。这种思路与图9.2所示的结构是一致的,它支撑着开发者的理念,本科课程以强大的工程科学核心为基础,辅以氢能安全为重点的教材。研究生课程涵盖更先进的氢能安全主题,与整体 HySafe 研究活动一致[1]。

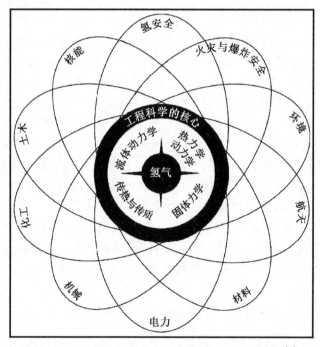

图9.2　与工程科学其他分支相关的氢能安全(HySafe[1])

这种方法旨在将氢能安全教材纳入本科课程,同时为研究生(如硕士)提供获取专业知识的机会。这是当前作者大力支持的一种方法,它与先前提出的风险管理主题的论点一致[17]。此外,表9.2 所示的国际课程是根据布鲁姆教育目标分类法的(见8.2.8 节)层次学习连续体提供了许多关于氢能安全培训主题的例子。基本原理和应用模块的主题虽然覆盖的深度更广泛,但也与当前教材的范围基本一致。

表9.2　国际氢能安全工程课程结构

等级	模　块	内　　　容
基础知识	热力学	基本概念和第一原则;纯物质的体积性质;热力学第一定律;热力学第一定律与流动过程;热力学第二定律;热力学第二定律与流动过程;热力学第一定律和第二定律,化学反应体系;相平衡;热力学和电化学
	化学动力学	化学反应速率;复杂反应动力学;表面反应;敏感性分析在反应机理中的应用;复杂的反应体系的机理简化;可燃混合物的化学动力学和爆轰
	流体动力学	流体静力学;流场运动学;不可压缩流体的势流运动学;可压缩流体运动学;不可压缩的黏性层流流动;流体运动的数学模型;量纲分析和相似理论;不可压缩湍流流动;流体中的波和流动的稳定性;可压缩湍流流动
	传热传质	传热基本模式和传热定律;等温传质;热传导;对流传热;强制对流;自然对流;相变传热;辐射传热;同时传热传质
	固体力学	应力分析;变形和应变;拉伸和压缩;静定力系统;薄壁压力容器;直剪应力;扭转;剪切力和弯矩;平面区域的质心、惯性矩和惯性积;梁中的应力;梁的弹性变形;双积分法;静定弹性梁;弹性梁理论专题;梁的塑性变形;列;应变能法;组合应力;承受组合载荷的构件
基本原理	氢作为能量载体	氢作为能量载体简介;氢能应用和案例研究简介;氢应用设备;可能的事故场景;与氢能安全相关的现象和方法的定义和概述
应用	氢能安全的基本原理	氢特性;金属材料与氢的相容性;氢热化学;多组分反应流的控制方程;预混火焰;扩散火焰;部分预混火焰;湍流预混燃烧;湍流非预混燃烧;液体和固体的点火和燃烧;穿越多孔介质的燃烧
	泄漏、混合和扩散	氢泄漏和混合的基本原理;氢泄漏处置
	氢点火	氢点火特性和点火源;防止氢气着火
	氢火灾	氢气火灾的基本原理
	爆炸:爆燃和爆轰	爆燃;爆轰;氢爆炸的爆燃转爆轰现象
	火灾和爆炸对人、结构和环境的影响	氢燃烧的热效应;冲击波;爆炸的压力效应计算;结构响应、破碎和破片效应;断裂力学
	事故预防和缓解	预防、保护和缓解;支撑缓解技术的基本现象;与氢安全相关的标准、法规和实践经验;惰化;遏制;防爆门;阻火器和隔爆器

续表

等级	模　块	内　　　容
应用	氢安全计算工程	CFD 简介;热力学和动力学建模简介;流体力学中的数学模型;有限差分法;通用输运方程的求解;弱可压缩 Navier - Stokes 方程的求解;可压缩 Navier - Stokes 方程的求解;湍流模型;燃烧模型;高速反应流;氢气-空气扩散火焰和湍流-辐射相互作用的模型;液氢池火灾建模;多相流;专题
	风险评估	危险材料加工和处理的一般风险评估和保护措施;法规、规范和标准;风险评估方法;危害识别和情景开发;氢事故的影响分析;脆弱性分析;氢经济中的风险降低和控制

　　为了与本章导言保持一致,本章目的是突出 HySafe 卓越网络的主要研究和教学成果。推荐读者将 HySafe 网站[1]和 Jordan[2]的总结论文作为进一步研究的基本点。

参 考 文 献

[1] HySafe — Safety of Hydrogen as an Energy Carrier, http://www.hysafe.net/(accessed August 4, 2011).

[2] Jordan, T., Adams, P., Azkarate, I., Baraldi, D., Barthelemy, H., Bauwens, L., Bengaouer, A., Brennan, S., Carcassi, M., Dahoe, A., Eisenrich, N., Engebo, A., Funnemark, E., Gallego, E., Gavrikov, A., Haland, E., Hansen, A.M., Haugom, G.P., Hawksworth, S., Jedicke, O., Kessler, A., Kotchourko, A., Kumar, S., Langer, G., Stefan, L., Lelyakin, A., Makarov, D., Marangon, A., Markert, F., Middha, P., Molkov, V., Nilsen, S., Papanikolaou, E., Perrette, L., Reinecke, E.-A., Schmidtchen, U., Serre-Combe, P., Stocklin, M., Sully, A., Teodorczyk, A., Tigreat, D., Venetsanos, A., Verfondern, K., Versloot, N., Vetere, A., Wilms, M., and Zaretskiy, N., Achievements of the EC Network of Excellence HySafe, International Journal of Hydrogen Energy, 36(3), 2656 - 2665, 2011.

[3] Jordan, T., HySafe — The Network of Excellence for Hydrogen Safety, WHEC 16, Lyon, France (June 13 - 16, 2006).

[4] HySafe, 2004 - 2009: A Network of Excellence in the 6th Framework Programme of the European Commission, with 25 European Partners, HYSAFE — Safe Use of Hydrogen as an Energy Carrier (2007).

[5] Molkov, V., Preface, Journal of Loss Prevention in the Process Industries, Special Issue on Hydrogen Safety, 21(2), 129 - 130, 2008.

[6] Dorofeev, S., Safety aspects of hydrogen as an energy carrier, Presented at 1st European Hydrogen Energy Conference, Grenoble, France (September 2 - 5, 2003).

[7] KIT — Karlsruhle Institute of Technology, http://www.kit.edu/kit/english/index.php (accessed August 5, 2011).

[8] Molkov, V., Hydrogen safety research: State-of-the-art, in Proceedings of the 5th International Seminar on Fire and Explosion Hazards, Edinburgh, UK (April 23 - 27, 2007).

[9] Venetsanos, A.G., Papanikolaou, E., Delichatsios, M., Garcis, J., Hansen, O.R., Heitsch, M., Huser, A., Jahn, W., Jordan, T., Lacome, J.-M., Ledin, H.S., Makarov, D., Middha, P., Studer, E., Tchouvelev, A.V., Teodorczyk, A., Verbecke, F., and Van der Voort, M.M., An inter-comparison exercise on the capabilities of CFD models to predict the short and long term distribution and mixing of hydrogen in a garage, International Journal of Hydrogen Energy, 34 (14), 5912 – 5923, 2009.

[10] Venetsanos, A.G., Adams, P., Azkarate, I., Bengaouer, A., Brett, L., Carcassi, M.N., Engebo, A., Gallego, E., Gavrikov, A.I., Hansen, O.R., Hawksworth, S., Jordan, T., Kessler, A., Kumar, S., Molkov, V., Nilsen, S., Reinecke, E., Stocklin, M., Schnidtchen, U., Teodorczyk, A., Tigreat, D., and Versloot, N.H.A., On the use of hydrogen in confined spaces: Results from the internal project InsHyde, International Journal of Hydrogen Energy, 36 (3), 2693 – 2699, 2011.

[11] Baraldi, D., Kotchourko, A., Lelyakin, A., Yanez, J., Middha, P., Hansen, O.R., Gavrikov, A., Eimenko, A., Verbecke, F., Makarov, D., and Molkov, V., An intercomparison exercise on CFD model capabilities to simulate hydrogen deflagrations in a tunnel, International Journal of Hydrogen Energy, 34(18), 7862 – 7872, 2009.

[12] Middha, P., and Hansen, O.R., CFD simulation study to investigate the risk from hydrogen vehicles in tunnels, International Journal of Hydrogen Energy, 34(14), 5875 – 5886, 2009.

[13] Venetsanos, A.G., Papanikolaou, E., Hansen, O.R., Middha, P., Garcia, J., Heitsch, M., Baraldi, D., and Adams, P., HySafe standard benchmark problem SBEP – V11: Predictions of hydrogen release and dispersion from a CGH2 bus in an underpass, International Journal of Hydrogen Energy, 35(8), 3857 – 3867, 2010.

[14] Garcia, J., Baraldi, D., Gallego, E., Beccantini, A., Crespo, A., Hansen, O.R., Hoiset, S., Kotchourko, A., Makarov, D., Migoya, E., Molkov, V., Voort, M.M., and Yanez, J., An intercomparison exercise on the capabilities of CFD models to reproduce a large-scale hydrogen deflagration in open atmosphere, International Journal of Hydrogen Energy, 35(9), 4435 – 4444, 2010.

[15] Ham, K., Marangon, A., Middha, P., Versloot, N., Rosmuller, N., Carcassi, M., Hansen, O.R., Schiavetti, M., Papanikolaou, E., Venetsanos, A., Engebo, A., Saw, J.L. Saffers, J.-B., Flores, A., and Serbanescu, D., Benchmark exercise on risk assessment methods applied to a virtual hydrogen refuelling station, International Journal of Hydrogen Energy, 36(3), 2666 – 2677, 2011.

[16] Dahoe, A.E., and Molkov, V.V., On the implementation of an international curriculum on hydrogen safety engineering into higher education, Journal of Loss Prevention in the Process Industries, 21(2), 222 – 224, 2008.

[17] Amyotte, P.R., and McCutcheon, D.J., Risk Management: An Area of Knowledge for all Engineers, Discussion paper prepared for Canadian Council of Professional Engineers, Ottawa, Ontario, 2006.

第 10 章　案例分析

本章旨在指导如何开展和使用案例研究(有时称为案例史)。文中强调了事故调查报告在这方面的作用,并列举了几个涉及氢工业应用的例子。

关于案例研究是否有助于提高整体安全性,可参考来自 Crowl 和 Louvar[1] 的引述:正如 G. Santayana 所说,要么学习历史,要么注定要重复历史。因此,案例研究的主要动机是总结经验教训。这通常意味着有效的案例研究是那些给出失败或某种缺陷细节的案例研究;当描述一件事时,无论是否涉及灾难性的损失,都会引起人们注意,这是人类的天性[2]。上述引文说明了从案例中学习和避免危险情况的重要性,否则将因忽视他人的错误而卷入可能危及生命的事件中[1,2]。

10.1　案例研究的开展

案例研究的开展首先包括选择适当事件(事故或未遂事件);接下来是阐述从事件中吸取的经验教训,这些经验教训最好具有普遍性或具有行业特定的应用特征。例如,第 2 章描述了从档案文献和各种数据库中得出的若干事件和经验教训,经验教训依赖于第 10.3 节中讨论的事故调查报告。

关于本质安全设计(如第 7 章所述),Kletz 和 Amyotte[2] 提出了以下 12 种开展案例研究的方法:

1)日常生活经验;

2)报纸和杂志;

3)专题会议;

4)技术论文;

5)过程安全书籍;

6)案例研究书籍;

7)其他本质安全书籍;

8)其他行业和应用书籍;

9)培训材料;

10)行业文献;

11)《防损公告》(*Loss Prevention Bulletin*, LPB);

12)化学品安全委员会报告。

因为本质安全设计以概念为基础,上面的一些建议可能无法从字面上解释氢能安全,氢能安全侧重于特定物质的性质和用途。很少有人会在日常生活中直接接触氢,并且更多的人会认为三轮车(有三个轮子)本质上比自行车(有两个轮子)更安全(更稳定)。

另一方面,至少在事故描述方面,如果从此类事件对公众认知的影响方面汲取经验教训,大众媒体(报纸和杂志)可以作为氢相关案例信息的现成来源。例如,《纽约时报》(*New York Times*)上发表的许多文章就证明了这一点:一艘载有 11 t 压缩氢气的油轮在事故中发生氢气泄漏[3];美国航天飞机项目运行期间发生液氢燃料泄漏[4-6];一座核电站的非核运行(发电机冷却系统)发生气态氢泄漏[7]。

国际氢安全会议(the International Conference on Hydrogen Safety, ICHS)等专题会议可能对案例研究的发展很有帮助。第四届国际氢安全会议(2011 年 9 月 12 日~14 日,美国加利福尼亚州旧金山)涵盖了氢技术风险管理主题下的案例研究主题[8]。

同样,本书中引用的技术论文在开展氢安全案例研究中也起着关键作用。Sanders[9]等一般性论文包含与项目相关的经验教训信息,包括人为失误和人为因素,这些信息易针对涉及氢气的应用进行调整。档案文献中有大量氢专用技术案例研究论文(见第 2 章)。作为第 10.3 节后面提到的另一个例子,Weiner、Fassbender 和 Quick[10]介绍了氢安全最佳实践(Hydrogen Safety Best Practices)(www.h2bestpractices.org①)和氢事故报告与经验教训(Hydrogen Incident Reporting and Lessons Learned)(www.h2incidents.org②)。

过程安全书籍(如 Crowl 和 Louvar[1])和案例研究书籍(如 Kletz[11])提供了一般案例,广泛适用的经验教训以及与氢相关事件的具体信息,如 1989 年得克萨斯州帕萨迪纳蒸气云爆炸(见第 2 章和第 8 章)。当然,还有其他关于氢气使用和安全性的书籍(如 Gupta[12]),这些还可以提供相关的案例研究细节。其他行业和应用领域的书籍乍一看似乎在氢案例研究开发中的作用有限。然而事实证明,在展示从铁路和飞机维修行业[13]以及空中交通管制活动[14]中学习到的关于安全文化的一般经验教训(第 8.3 节)方面,这些书籍非常有用。

在互联网上搜索氢气相关培训材料能找到很多词条(如参考文献[15])。一些网络资源提供了不少有用的案例研究,如氢致抗裂(HIC)钢[16]和氢燃料站[17]。

行业(或工业部门)文献资料通常提供事件描述,可进行后续案例研究,如涉及氢、氮和氨等混合气体的合成氨厂爆炸和火灾[18]。该出版物还描述了与美国军队储存的弹药退化相关的问题[19]。一个潜在的问题是,随着储存的芥子气降解,形成的氢气会存在爆炸风险。降低风险的建议包括对所有储存的化学制剂进行定期测试,建立数据库以准确记录信息,以及使用统计分析来及早识别趋

---

① 译者注:链接更新至 https://h2tools.org/bestpractices/best-practices-overview。
② 译者注:链接更新至 https://h2tools.org/lessons。

势[19]。迅速销毁所有弹药这一本质上更安全的方法才是"最终降低公众风险的唯一有效方法"[19]。

职业健康和安全领域对电池燃烧和爆炸危险进行了常规(非特定事件)案例研究[20]。在电池充电的最后阶段,氢气由放气(gassing)过程产生;控制层次推荐的风险降低措施包括通风和换气、氢气监测以及旨在远离点火源的恰当标志[20]。根据第 10.3 节中的讨论,电池燃烧和爆炸的事后调查结果通常指出事故与操作错误和安全漏洞相关[20]。为了进一步总结从这些事件中吸取的教训,人们必须了解管理体系层面的根本原因是否存在(根据第 10.2.3 和 10.3 节),以及是否存在本质上更安全的预防和缓解措施。

《防损公告》由英国化学工程师学会(IChemE)出版。《防损公告》是过程事故和未遂事故报告开展案例研究的良好资料源[2]。例如,Carson 和 Mumford[21]阐述了与批量加工的危害和控制相关的各种问题。潜在危险放热过程列表包括氢化(hydrogenation)(双键或三键两侧添加氢原子)和卤化(halogenation)(卤素替代有机分子中的氢等原子)。根据事件描述和阐明相应经验教训的案例研究理念,在线搜索带有关键词"氢"的《防损公告》会发现提供此类信息的几个相关问题[22],如表 10.1 所示。

表 10.1　《防损公告》中的氢气案例研究示例[22]

期　号	年　份	案　例　研　究
015	1977	石脑油裂解装置和氢化反应中涉及氢气的火灾
068	1986	涉及富氢气体的蒸气云爆炸
083	1988	氢气安装区域由编织钢制成的柔性软管故障
156	2000	氨厂输送 CO_2 气体的管道中的氢气爆炸
207	2009	充电电池发生的氢气爆炸;另见 Ramsey[20] 氯化铝生产新工艺中氢气的意外产生以及 炼油厂储存终端密封部件内的氢气产生
215	2010	电解装置发生的氢气爆炸

如文献[23]所述,美国化学品安全委员会(CSB)是一个独立的非监管联邦机构,负责对固定工业设施的化学事故的根本原因进行调查。其调查报告可在 CSB 网站[23]下载,通常附有事件序列和根本原因/经验教训的视频片段和动画[2]。安全公告[24, 25]介绍了本质安全设计不可能进行错误装配的做法(如前 7.6 节所述),这是 CSB 报告重要案例研究价值的一个极好的氢气特殊示例。第 10.3 节重申了这一点,第 10.4 节给出了其他 CSB 示例。

简而言之,关于氢气相关职业和工艺事件中吸取的经验教训,有很多方法可用于开展相关案例研究。下一节提出了在获得和/或准备好这些案例研究后使用这些案例研究的方法。

10.2 案例研究的使用

案例研究作为整体过程安全管理(PSM)计划的一部分用于培训特别有用(见第8.2.6节)。它们在解决其他 PSM 组件(如危险识别和风险分析[26])方面也具有一定的价值(见表8.2)。此外,使用案例研究来强调各种安全概念和方法的实际意义,可以显著增强本科生和研究生科学与工程项目教育工作的效果。

如本章引言所述,不管其最终用途如何,案例研究的有效性得益于经验教训(lessons learned)。之前事故中吸取的经验教训属于以下一个或多个常规类别:① 遗留经验教训;② 工程经验教训;③ 管理经验教训。通过简要分析印度博帕尔事件(毫无疑问,这是迄今为止世界范围内发生的最重要的过程安全事件),可以很好地理解这些类别的含义。

Khan 和 Amyotte[27] 提到,博帕尔工厂是美国联合碳化物公司和当地利益集团共同持有的农药生产厂。该工厂位于印度中央邦首府博帕尔镇。1984 年 12 月 3 日上午 12 点 45 分,几吨富含异氰酸甲酯(methylisocyanate,MIC)的有毒气体从工厂释放到大气中,造成 2 000 多名平民伤亡[28]。

MIC 的物理特性使其具有极高的危险性。它的闪点为 $-18.1℃$,沸点为 $39.1℃$,遇水发生放热反应,8 小时最大允许暴露浓度低至 0.02 ppm(1 ppm $= 10^{-6}$)。MIC 是甲萘威(一种杀虫剂)生产的中间产品。它储存在三个水平的不锈钢容器中,称为储罐 610、611 和 619。储罐 610 和 611 用于正常操作,第三个储罐 619 用于紧急情况。MIC 通常储存在冷藏条件下,但在事件发生前几天,制冷装置已经关闭。

事故当天,储罐 610 被其他物质(最有可能是水)污染。放热反应将 MIC 加热至超过沸点温度。这导致储罐上方的混凝土土墩开裂,MIC 蒸气通过安全阀泄漏。移除和销毁 MIC 的洗涤器和火炬系统在事故发生当天没有运行。一个半小时后,储罐 610 上的安全阀重新定位,MIC 释放停止。而那时,大约有 36 吨的材料从储罐 610 中逸出,其中大约 25 吨是 MIC 蒸气[1,28]。

10.2.1 案例研究教训

博帕尔事件对化学加工工业和许多其他工业领域产生了深远影响[29-31]。正如过程安全专家 Dennis Hendershot(West 等[29])所述:"博帕尔的一个重要影响是使每个人——公司管理层、政府、社区——意识到化学品事故的潜在严重性。"这种提高认识的结果已在新的工艺安全监管制度、全球最佳实践举措(如 Responsible

Care[R])以及企业向发展中国家出口技术(而非不可接受的风险)的需求意识增强中得到积极体现。

然而最重要的是,与博帕尔一起永远存在的是化学物质 MIC,以及 1984 年对数千人造成的无法估量的损失。这种损失一直持续到今天,暴露于 MIC 和现场残留的其他化学物质中会导致人们呼吸困难,并可能对健康和环境造成进一步的影响[30]。如图 10.1 所示,过程事件的遗留问题可能涉及消极和积极方面。

图 10.1   博帕尔灾难纪念碑[32]

氢工业最接近博帕尔式影响的案例研究是第 2 章中描述的"兴登堡"灾难(也可能是"挑战者号"爆炸)。不管是否合理,大多数了解兴登堡的人都会自动将这个词与另一个词——氢联系起来。这对于空中旅行来说可能不成问题,因为很少有人会在有生之年乘坐浮力驱动的飞艇旅行。然而,随着氢燃料汽车在公共交通中的可行性和普及度不断提高,必须牢记兴登堡等事故的教训。

10.2.2 案例研究工程教训

案例研究的工程教训与第 7.1 节中讨论的安全控制体系有关。关于博帕尔,很明显该设施的安全在很大程度上取决于工程和程序保障,其有效性和运行状态都值得怀疑。通过适当的本质安全考虑,这场灾难本可以避免或减轻后果[27]。

上述段落与氢工业的相关性已在第 7 章中提及。在涉及氢的特定事件之后,工程经验可转移到其他氢应用中,包括被动工程、主动工程和程序措施的使用和有效性,以及实施本质安全设计(ISD)原则的可能性。例如,在气态氢释放的情况下,必须检查现有的检测和缓解措施,并且还应调查液态或金属氢化物中的储氢可能性。

10.2.3 案例研究管理教训

对事故的根本原因进行分析后,必须找出管理层——包括管理岗位上的组织人员和安全管理系统本身——应吸取的教训。如上一节所述,博帕尔工厂的许多工程和程序性保障措施都没有发挥作用,而且缺乏本质安全设计的保障。那么,这些缺陷的责任在哪里?最终落在管理层的肩上,任何现代的根本原因分析方法都无法得出其他结论(见第8.1节)。

从氢能安全的角度来看,第8章描述了工艺安全管理和安全文化的问题。这些领域的缺陷构成了关键案例研究课程,对预防未来事故至关重要。这一点将在下一节详述。

10.3 事故调查报告

事故调查(公司赞助或第三方进行)确定的管理缺陷代表了可以在行业部门间推广的通用信息。缺乏充分的损失预防和管理通常由以下三个方面中的一个或多个方面的缺陷造成:安全管理系统本身、为安全管理系统确定和设置的标准以及对这些标准的遵守程度[33]。特定的管理系统元素可能缺失或完全不存在;或者,管理系统元素可能在某种程度上存在,但可能有不适当的标准,或者可能有很少或没有遵守的标准[33]。

这些观点在 Westray 案例研究中得到了很好说明,如以下译自 Amyotte 和 Eckhoff 的文章[33]。

> 1992 年 5 月 9 日,加拿大新斯科舍省普利茅斯市(Plymouth, Nova Scotia, Canada)的韦斯特雷(Westray)煤矿发生爆炸,造成 26 名矿工死亡。爆炸产生破坏性超压,矿区地表破坏如图 10.2 所示。矿井通风不足导致其甲烷含量一直高于规定值。由于煤尘清理不及时,粉尘积累超过了允许的水平;此外,没有工作人员负责岩粉撒布(用石灰石或白云石对煤尘进行惰性处理)。这些因素和其他许多因素导致韦斯特雷煤矿持续存在恶劣的工作条件,使其成为发生事故的潜在场所。所有这些不符合标准的条件和做法都可归因于管理层缺乏对矿井安全问题的关注,这也是韦斯特雷问题的主要根源之一。
>
> 导致韦斯特雷煤矿爆炸的管理体系要素(见第8章)包括:
>
> 1)管理层对安全问题的承诺和责任(这是建立有效的公司安全文化的关键因素);
>
> 2)程序变更管理;

图 10.2　爆炸后的韦斯特雷煤矿 1 号主入口[34]

3）事故调查（包括未遂事故报告和调查）；

4）培训（任职前培训、安全、任务相关等）；

5）任务定义和安全工作实践和程序；

6）工作场所检查和更主动的危险识别方法；

7）项目评估和审计。

导致韦斯特雷煤矿爆炸的系统标准包括但不限于与上述所有系统要素相关的标准（即性能水平）：

1）管理层对安全问题的关注（根据合理预期的标准，从法律角度来看，这应该是强制性的）；

2）跟进检查不合标准的做法和条件；

3）对员工提交的危险报告采取行动；

4）员工工作指示；

5）设备维护；

6）安排管理层/员工会议，讨论安全问题。

导致韦斯特雷煤矿爆炸的合规性因素包括：

1）在安全与生产的关系方面，管理行为与公司的官方政策之间的一致性较差（表现为同一管理人员既负责生产又负责地下安全）；

2）未充分遵守与煤矿开采诸多方面有关的行业惯例和立法标准，如甲烷浓度、岩石粉尘、地下火源控制等。

如第 10.1 节所述，美国化学品安全委员会（CSB）定期对涉及氢气的案例研究进行此类分析,即对事件的管理层根本原因进行重点评估。第10.4节给出了氢气相关事件的其他CSB示例,重点是管理层面的问题。这些额外的案例研究说明与第2章和第8.1节中关于1989年得克萨斯州帕萨迪纳蒸气云爆炸的讨论一致,在该事件中,危险评估和维护控制的管理系统观念不够先进。

如第2章所述,已采用几个事故数据库收集和分类与氢应用相关的事故。根据定义,此类数据库是事故描述和/或调查报告的结果,其质量可能有很大差异(从报纸文章到公共调查报告)。尽管如此,数据库分析作为一种学习方法还是很有价值的,用Sepeda[35]的话说:

> 从别人的经历中学习……是一种必不可少的工具,因为在采取纠正或预防措施之前,行业既没有时间和资源,也不愿意经历事故。

有用的数据库包括一般重大危险事件数据服务(MHIDAS)[36-38],特定材料的氢气事故报告和经验教训(H$_2$Incidents)/氢气安全最佳实践(H$_2$BestPractices)[10],以及HySafe工作文件资料(第9章),欧洲氢气事件和事故数据库(HIAD)[39]。

如图10.3所示,根据Gerboni和Salvador[36]从重大危险事件数据库服务中得到的分析结果,我们可从中吸取经验教训。他们证明了最大限度地减少人为失误和机械故障对防止氢事故的重要性。这些发现表明应根据相应的人为因素(human factors)(第8.2.7节)和过程及设备完整性(process and equipment integrity)(第8.2.6节)的过程安全管理要素进行有效过程安全管理。

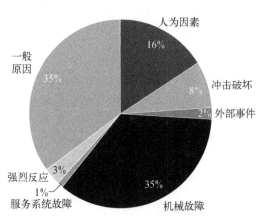

图10.3 由重大危险事件数据服务(MHIDAS)的分析所得的氢气事故原因[36]

10.4 其他示例

作为案例研究的结论,本节给出了涉及氢与其他危险材料事故的例子。我们首先研究氢气作为可燃气体与爆炸性粉尘共存的问题,接下来简要介绍氢以硫酸氢的形式与硫化学结合的危害。

10.4.1 氢气和爆炸性粉尘

当颗粒固体材料悬浮在空气中,且在封闭或半封闭环境中存在能量充足的点火源时,会发生粉尘爆炸[33]。换句话说,当爆炸五边形的组成部分(燃料、氧化剂、点火源、混合和受限空间)都存在时,就会发生粉尘爆炸。以下两段改编自 Amyotte 和 Eckhoff[33],提供了讨论氢气和爆炸性粉尘的背景。

粉尘爆炸通常发生在工业过程容器和设备内,如磨粉机、研磨机、干燥机等,即满足爆炸五边形条件的设备。这种情况通常被称为一次(primary)爆炸,当其传播至工艺装置外部时会引发二次(secondary)爆炸(如下一段所述)。大多数以这种方式引发粉尘爆炸的原因相对简单:常温常压下空气中爆炸性粉尘的浓度比工人居住区域允许的空气传播粉尘浓度(即职业卫生环境标准)高几个数量级。

上一段讨论了粉尘爆炸确实发生在过程区域,而不仅仅是过程装置内部。由于一次爆炸产生的冲击波夹带灰尘层,可能引发二次爆炸。初始事件可能是源于工艺装置的粉尘爆炸,也可能是受到任何足以驱散地面和各种工作设施上的爆炸性粉尘的干扰。这种高能扰动的一个例子(除了一次粉尘爆炸)是气体爆炸导致粉尘爆炸。这在煤炭开采行业中是一个有据可查的现象,在煤尘爆炸中,由甲烷爆炸所产生的超压和压力上升率会造成毁灭性的影响(见第 10.3 节和 Westray 煤矿爆炸的描述)。

最近在田纳西州加勒廷(Gallatin, Tennessee)的海格纳士(Hoeganaes)工厂发生了上述情景。2011 年 5 月 27 日,一场爆炸和随之而来的火灾导致 2 名工人死亡和 1 人重伤[40]。2011 年,该工厂发生了 2 起涉及闪火(仅是铁粉尘)的事故,导致 1 月 31 日 2 名工人死亡,3 月 29 日 1 名工人受伤[40]。正如 5 月 27 日事故后 CSB 新闻发布会声明[40]所述,Hoeganaes 工厂生产雾化铁粉,用于汽车和其他行业的金属零件生产。氢气用于连续退火炉中,以防止铁粉氧化。

5 月 27 日事故中初始爆炸是由于氢气从排气管[40]中一个 7.6 cm×17.8 cm 的孔泄漏到工艺管沟中引起的(图 10.4)。这一初始爆炸扰动了层状铁尘(图 10.5),随后铁尘悬浮燃烧,成为二次事件。

在编写本书时,CSB 正继续对 Hoeganaes 设施的所有三起事件进行调查,目的是得到管理系统层面的根本原因。当然,这些结论说明有效的总体管理计划非常有必要,可以尽量减少灰尘层和沉积物。从 5 月 27 日事故中还吸取以下关于氢安全问题的教训:① 氢气警报;② 自动关闭系统;③ 氢气管道维护和检查;④ 可燃气体泄漏响应程序和培训;⑤ 国家管道维护和泄漏检测规范的充分性[40-42]。

到目前为止的讨论主要集中在连续事件上,即氢气爆炸后接着是粉尘爆炸(或火灾)。当这些事件同时发生(即氢气和粉尘同时点火)时会发生什么?可燃气体和含有可燃粉尘的空气混合时称为混合体系(hybrid mixture)。混合体系的每种成分(可燃气体和可燃粉尘)的含量可能均低于其反应下限(气体的燃烧下限,粉尘的最小爆炸浓度),但仍会产生爆炸性混合物[33]。

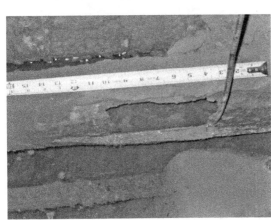

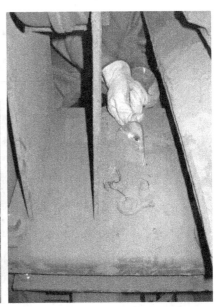

图 10.4 Hoeganaes 氢气管道上的孔洞　　　　图 10.5 Hoeganaes 层状铁尘沉积物

　　随着福岛(Fukushima)灾难的发生,当暴露的锆合金燃料包覆与蒸汽接触时,全世界都意识到此时核设施中会存在氢爆炸的风险。类似地,最近的一系列论文[43-45]讨论了在国际热核试验反应堆(ITER)的下一代聚变机器中氢气和石墨/钨粉尘爆炸的问题。如 Chuyanov 和 Topilski[43]所述,随着时间推移,反应堆部件的相互作用预计会释放出铍、石墨和特征直径小于 100 μm 的钨粉尘。如果发生漏水,水和热铍颗粒接触产生氢气,则有可能发生氢/石墨/钨爆炸。因此,尽管这种情况尚未发生,但此类事件可能会进一步提升对氢气安全的关注度。

　　关于国际热核试验反应堆相关粉尘,Denkevits 和 Dorofeev[44]在研究石墨/钨的爆炸性时所检测到的石墨颗粒尺寸的下限(4 μm)如图 10.6 所示。这项工作为单独的石墨粉尘(4~45 μm)、单独的钨粉尘(1 μm)和石墨(4 μm)/钨(1 μm)混合物建立了基础数据集。Denkevits[45]后续研究了 4 μm 石墨和贫氢空气混合时的爆炸性,氢浓度为 8%~18%(体积浓度)。虽然获得了所研究的各种燃料/空气系统爆炸行为的有价值的技术信息,但从此案例中得到的广泛适用的经验教训是:在进行风险评估时,选择可信的情景十分重要。不充分的防爆和缓解措施很可能忽略了燃料装载总量的重要组成部分。

10.4.2　硫化氢

　　硫化氢(H_2S)是一种无色、有毒、易燃的气体,具有臭鸡蛋的特殊气味。因此,

图 10.6　4 μm 石墨粉尘 TEM(隧道电子显微镜)图[44]

　　硫化氢是一种有害物质。但它与氢不同,在一本关于氢安全的书中包含对硫化氢的讨论似乎有些奇怪。然而,我们的目的不是论述硫化氢的危害。相反,我们试图通过涉及 H₂S 的例子来说明,除了可能性和后果严重性的传统组成部分外,我们还应认识到感知是风险中经常被遗忘的组成部分的重要性。对于一些人来说,仅仅是词汇联想就足以感知到比实际存在更大的风险。因此,与氢相关的安全从业人员应该对选定的硫化氢相关案例研究的经验有所了解。

　　这里给出的第一个例子是美国化学品安全委员会(CSB)进行的系列有前景且熟悉的调查。文献[46]报道了 CSB 对 2002 年亚拉巴马州彭宁顿的佐治亚-帕契奇造纸厂(the Georgia-Pacific Paper Mill in Pennington, Alabama)硫化氢泄漏的调查结果。下水道中产生的硫化氢气体从人孔密封处泄漏,导致两人中毒死亡,数名合同工和应急人员受伤。确定的几个根本原因和促成原因(均在管理层明确)包括:① 缺乏正式的危险审查和变更分析管理;② 缺乏将危险警告纳入过程安全信息的管理系统;③ 人孔设计和密封不充分;④ 促进了解硫化氢危险的培训不足[46]。

　　第二个例子来自一个完全不同的工业部门。文献[47]报道了与加拿大不列颠哥伦比亚省兰利蘑菇农场(a mushroom farm in Langley, British Columbia, in Canada)事故有关的职业健康和安全指控的法律诉讼结果。2008 年 9 月,工人们试图修理一台位于密闭空间内由泵系统提供动力的电动机,当时泵与系统分离,导致硫化氢释放[47]。3 人死于中毒,另有 2 人受重伤[47]。这一案例再次说明了有组织的安全计划的必要性[47],从这一事件中吸取的主要教训是,在封闭空间内进行工作时,需要采用完整的安全控制体系(第7.1节)——从本质安全措施开始尽可能消除此类工作。

本章最后一个例子涉及一个石油加工厂的起重机事故。该起重机因吊臂伸出且无人看管而倾覆。除了起重机臂端(图10.7中未显示)造成的损坏外,驾驶室端部静止位置构成了外露管架上酸性气体和炼油厂气体管道的未遂事故,如图10.7所示。在这次事故中,无论是火灾还是硫化氢泄漏都有很大的可能性。该案例再次强调了详尽的危险评估的重要性;除了负载掉落和起重机车辆事故之外,还必须仔细评估加长起重机吊臂的潜在能量。本质上,这是一个需要使用本质安全设计原则的例子(第7.4节)。

图 10.7　石油加工厂起重机倒塌[48]

参 考 文 献

[1]　Crowl, D.A., and Louvar, J.F., Chemical Process Safety: Fundamentals with Applications, 3rd edition, Prentice Hall PTR, Upper Saddle River, NJ, 2011.

[2]　Kletz, T., and Amyotte, P., Process Plants: A Handbook for Inherently Safer Design, 2nd edition, CRC Press/Taylor & Francis Group, Boca Raton, FL, 2010.

[3]　Stuart, C., Hydrogen leak in Connecticut forces dozens from homes, New York Times (February 13, 2008).

[4]　Leary, W.E., Hopes rise on fixing shuttle leaks so the fleet can resume flying, New York Times (July 14, 1990).

[5]　Broad, W.J., Shuttle astronomy mission is postponed by fuel leak, New York Times (September 6, 1990).

[6]　Leary, W.E., Fuel leak delays launching of space shuttle, New York Times (April 5, 2002).

[7]　Hu, W., Leak at Indian Point 2 plant leads it to curtail operations, New York Times (September 12, 2002).

[8]　International Conference on Hydrogen Safety (ICHS), http://www.ichs2011.com/themestopics.htm (accessed August 17, 2011).

[9]　Sanders, R. E., Designs that lacked inherent safety: Case histories, Journal of Hazardous Materials, 104(1-3), 149-161, 2003.

[10]　Weiner, S.C., Fassbender, L.L., and Quick, K.A., Using hydrogen safety best practices and learning from safety events, International Journal of Hydrogen Energy, 36 (4), 2729-2735, 2011.

[11]　Kletz, T., What Went Wrong? Case Histories of Process Plant Disasters and How They Could Have Been Avoided, 5th edition, Gulf Professional Publishing, Oxford, UK, 2009.

[12]　Gupta, R.B. (Editor), Hydrogen Fuel: Production, Transport, and Storage, CRC Press/Taylor & Francis Group, Boca Raton, FL, 2009.

[13]　Hopkins, A., Safety, Culture and Risk: The Organizational Causes of Disasters, CCH Australia Limited, Sydney, Australia, 2005.

[14]　Hopkins, A. (Editor), Learning from High Reliability Organisations, CCH Australia Limited, Sydney, Australia, 2009.

[15]　Hydrogen Safety for Employees, http://www.safetyinstruction.com/hydrogen_safety_for_employees_power_point.htm (accessed August 18, 2011).

[16]　Brown McFarlane Case Studies, http://www.brownmac.com/media-down-loads/case-studies/?ID=18 (accessed August 18, 2011).

[17]　U.S. Department of Energy Hydrogen Program, http://www.hydrogen.energy.gov/permitting/fueling_case_studies_washington.cfm (accessed August 18, 2011).

[18]　Sanderson, K., Explosion at ammonia plant, Chemistry World (June 1, 2006).

[19]　Evans, J., Weapons of mass degradation, Chemistry World (2011).

[20]　Ramsey, B., Big batteries? Big electric shock potential! Occupational Health & Safety, (February 1, 2004).

[21]　Carson, P., and Mumford, C., Batch reactor hazards and their control, Loss Prevention Bulletin, 171, 13-24, 2003.

[22]　Institute of Chemical Engineers (IChemE), http://www.icheme.org/sitecore/content/icheme_home/shop/search results.aspx? keywords = hydrogen&product = &CurrentPage = 1&SortBy = Relevance&OrderBy=Asce (accessed August 18, 2011).

[23]　U.S. Chemical Safety Board (CSB), http://www.csb.gov/(accessed August 18, 2011).

[24] U.S. Chemical Safety Board (CSB), Positive Material Verification: Prevent Errors During Alloy Steel Systems Maintenance, Safety Bulletin, No. 2005 – 04 – B, U.S. Chemical Safety and Hazard Investigation Board, Washington, D.C., 2006.

[25] Litterick, D., Texas refinery fire inquiry critical of BP, The Telegraph (October 17, 2006).

[26] Mahnken, G.E., Use case histories to energize your HAZOP, Chemical Engineering Progress, 73 – 78, 2001.

[27] Khan, F.I., and Amyotte, P.R., How to make inherent safety practice a reality, Canadian Journal of Chemical Engineering, 81(1), 2 – 16, 2003.

[28] Etowa, C.B., Amyotte, P.R., Pegg, M.J., and Khan, F.I., Quantification of inherent safety aspects of the Dow indices, Journal of Loss Prevention in the Process Industries, 15(6), 477 – 487, 2002.

[29] West, A.S., Hendershot, D., Murphy, J.F., and Willey, R., Bhopal's impact on the chemical industry, Process Safety Progress, 23(4), 229 – 230, 2004.

[30] Willey, R., Hendershot, D., and Berger, S., The accident in Bhopal: Observations 20 years later, Process Safety Progress, 26(3), 180 – 184, 2007.

[31] Louvar, J.F., Editorial. Bhopal, CCPS and 25 years, Process Safety Progress, 28 (4), 299, 2009.

[32] Bhopal Memorial, http://upload. wikimedia. org/wikipedia/commons/d/d8/Bhopal-Union _ Carbide_1.jpg (accessed September 8, 2011).

[33] Amyotte, P.R., and Eckhoff, R.K., Dust explosion causation, prevention and mitigation: An overview, Journal of Chemical Health and Safety, 17(1), 15 – 28, 2010.

[34] Richard, K.P., The Westray story: A predictable path to disaster, Report of the Westray Mine Public Inquiry, Province of Nova Scotia, Canada, 1997.

[35] Sepeda, A.L., Lessons learned from process incident databases and the Process Safety Incident Database (PSID) approach sponsored by the Center for Chemical Process Safety, Journal of Hazardous Materials, 130(1 – 2), 9 – 14, 2006.

[36] Gerboni, R., and Salvador, E., Hydrogen transportation systems: Elements of risk analysis, Energy, 34(12), 2223 – 2229, 2009.

[37] Imamura, T., Mogi, T., and Wada, Y., Control of the ignition possibility of hydrogen by electrostatic discharge at a ventilation duct outlet, International Journal of Hydrogen Energy, 34 (6), 2815 – 2823, 2009.

[38] Astbury, G.R., and Hawksworth, S.J., Spontaneous ignition of hydrogen leaks: A review of postulated mechanisms, International Journal of Hydrogen Energy, 32 (13), 2178 – 2185, 2007.

[39] Kirchsteiger, C., Vetere Arellano, A.L., and Funnemark, E., Towards establishing an International Hydrogen Incidents and Accidents Database (HIAD), Journal of Loss Prevention in the Process Industries, 20(1), 98 – 107, 2007.

[40] U.S. Chemical Safety Board (CSB), http://www. csb. gov/assets/news/document/Final _

Statement_6_3_2011.pdf (accessed September 8, 2011).

[41] U.S. Chemical Safety Board (CSB), http://www.csb.gov/assets/news/image/Photo_of_hole_ in_hydrogen_piping.JPG (accessed September 8, 2011).

[42] U.S. Chemical Safety Board (CSB), http://www.csb.gov/assets/Investigation/original/Dust_ photo.jpg (accessed September 8, 2011).

[43] Chuyanov, V., and Topilski, L., Prevention of hydrogen and dust explosion in ITER, Fusion Engineering and Design, 81(8-14), 1313-1319, 2006.

[44] Denkevits, A., and Dorofeev, S., Explosibility of fine graphite and tungsten dusts and their mixtures, Journal of Loss Prevention in the Process Industries, 19(2-3), 174-180, 2006.

[45] Denkevits, A., Explosibility of hydrogen-graphite dust hybrid mixtures, Journal of Loss Prevention in the Process Industries, 20(4-6), 698-707, 2007.

[46] U.S. Chemical Safety Board (CSB), Hydrogen Sulfide Poisoning, Investigation Report, No. 2002-01-I-AL, U.S. Chemical Safety and Hazard Investigation Board, Washington, D.C., 2003.

[47] Contant, J., Guilty pleas in confined space deaths, OHS Canada, 27(5), 6, 2011.

[48] Crane Incident, http://farm1.static.flickr.com/34/103084821_c1066589e1_b.jpg (accessed September 8, 2011).

第11章 氢对结构材料的影响

第4章详细介绍了氢的主要生理性、物理性和化学性危害。本章将从氢对建筑材料的后续影响角度讨论氢的物理性危害问题。第4章将其物理性危害归因于氢的小分子特征或氢的低温存储。这些因素产生了两个关键问题：氢脆引起的结构材料失效和热稳定性丧失。

从功能角度来看，许多参考文献给出了关于氢对结构材料影响的诸多建议。美国洛斯阿拉莫斯国家实验室(Los Alamos National Laboratory)[1]编写的《氢气安全自学培训指南》重申了上述观点，即氢气分子小，易于穿越多孔材料、被一些密封材料吸收(最终结果是延展性丧失或脆化，速度取决于温度)。因此，该指南建议选择不会因氢脆失效的材料(如300系列不锈钢、铜和黄铜)[1]。Molkov[2]也给出了类似建议，他警告称：在高温高压下暴露于氢气环境中会导致低碳钢的脱碳(碳含量减少)和脆化。选择合适的材料(如特殊合金钢)是解决氢脆问题的关键。

并不是只有金属这种结构材料会引起氢相关问题。如HySafe中关于材料兼容性和结构完整性的相关描述(见9.2节和文献[3])，氢组件和氢系统也涉及聚合物等非金属材料。HySafe的研究人员建议，为方便在设计、操作和紧急情况下使用[3]，涉氢用途的材料应仔细评估，包括存储条件，如基于纳米结构碳质材料[3]的固体氢化物存在危险不确定性[3,4]。

本部分介绍的所有要点与英国健康和安全实验室[5]编制的一份重要报告中提供的与材料有关的主要研究结果一致：

1) 使用氢的主要材料考虑因素是渗透性、氢脆性和材料在低温(low/cryogenic)下的特性，通常涉及液氢的存储和使用；

2) 氢的重要性增加可能会诱导新材料的使用，例如用于制作加压氢气瓶的高性能复合材料、用于管道的材料组合以及用于储氢的金属氢化物和碳纳米管等材料；

3) 与氢一起使用的材料必须在实际使用环境中进行测试(文献[5]指出，此要求可能需要使用专业设备和技术)。

Hobbs[5]的报告也很有意义，它对材料相关影响的讨论延伸到了氢的物理性危害之外。根据NASA(美国国家航空航天局)的文件[6](也参考了第4章的文献[6])，Hobbs[5]列出了在选择氢材料时需要考虑的12个方面。2011年提出的以下要点同样适用于2005年的文件[5]和1997年的文件[6]，具体应考虑到下述问题：

1) 适用于设计和操作条件的特性；

2) 与操作环境的兼容性；

3）所选材料的可用性和适当测试数据；

4）耐腐蚀性；

5）易于制造、组装、检查；

6）故障后果；

7）毒性；

8）氢脆；

9）暴露于氢气火灾高温的可能性；

10）冷脆；

11）热收缩；

12）低温下发生的性能变化。

上述所列要点中，不仅包括氢脆和低温性能变化的熟悉主题（topics），还涉及材料可用性和失效后果分析。这些分别关于本质安全设计替代（第 7.3 节）和过程风险管理（第 8.2.4 节）。从一般过程安全管理角度来看，根据第 4 章的讨论，Hobbs[5] 评论说，这些观点适用于所有涉氢组件，而不仅仅是安全壳等更明显的组件。这些组件包括阀体和阀座、电气系统、绝缘材料、垫圈、密封件、管道、润滑剂和黏合剂[5]。

11.1　氢　脆

第 4 章详细介绍了氢脆的各种要素，包括类型、原因和速率影响参数。我们在本节提供了一种基于实例的应用性信息，旨在全面了解氢脆对结构材料的影响。

Still[7] 的文章在这方面很有帮助，特别强调了海上石油和天然气行业，该作者以 FPSO（浮式生产储油卸油装置）船舶为例，该船舶由连接海底水库和船上加工设备的管道系统组成。对于碳钢、碳锰钢管道和焊接金属来说，两个主要的氢气入侵来源存在问题：① 储层流体加工产生的氢原子进入；② 由于存在水分，氢在焊接工艺管道期间进入焊接池[7]。

Still[7] 详细描述了表 4.1 中显示的各种类型的氢脆，包括环境氢脆（称为 HSC 或氢应力开裂）。还阐明了一种被称为"鱼眼"（fisheye）（图 11.1）的内部氢脆（表 4.1）。"鱼眼"是指出现在焊接结构中的一种氢脆，其中氢保留在焊接缺陷中，例如气孔[7]。Still[7] 强调需要遵守

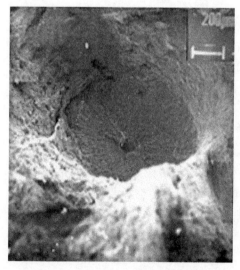

图 11.1　"鱼眼"，氢脆的一种形式[7]

标准化的焊接控制,以避免这种形式的氢故障。

CSB 安全公告[8]中给出了一个反应氢脆的例子(表4.1),该公告描述了英国 BP 得克萨斯炼油厂发生的一起事故。此事件之前在第 7.6、8.2 和 10.1 节中分别从本质安全设计原则、安全管理系统和案例研究的角度进行了讨论。本节重点是高温氢腐蚀或高温氢致损伤造成的材料损坏。

文献[8]的摘录详述了事件背景和后果:

> 2005 年 7 月 28 日,在异构化(isom)装置发生毁灭性事故,造成 15 名工人死亡、180 人受伤。4 个月后,英国 BP 得克萨斯炼油厂的渣油加氢处理装置(RHU)发生重大火灾,据报道造成 3 000 万美元的财产损失。一名员工在应急装置关闭期间受轻伤,无人员死亡。

> RHU 事故调查确定,一个直径为 8 英寸(0.203 2 m)的碳钢弯头意外安装在一条高温高压氢气管线中,在运行仅 3 个月后发生破裂。从破裂弯头处逸出的氢气迅速被点燃。

> 2005 年 2 月,在换热器计划大修期间,维修承包商意外地将碳钢弯头与合金钢弯头互换。合金钢弯头耐高温氢腐蚀(HTHA),但碳钢弯头不耐高温氢腐蚀。对失效弯头的冶金分析得出结论,高温氢腐蚀严重削弱了碳钢弯头的性能。

如图 11.2 所示,该设施在更换弯头方面存在人为失误的可能性。如第 8.2.7 节所述,工艺设计过程考虑人为因素可以有效抵消这种可能性,在这种情况下,设计要避免关键合金管道部件与不兼容管道部件的互换[8]。

左上角和上面箭头:合金钢弯头2和3

左下角箭头:碳钢弯头1

图 11.2　具有相同尺寸的热交换器管道弯头[8]

CSB 报告[8]指出,涉及高温氢腐蚀的事故自 20 世纪 40 年代以来已被记录在案。在压力高于 100 psia①(约 7 bar)和温度高于约 450℉(约 230℃)的情况下,碳钢容易受到高温氢腐蚀的影响;这些条件促进了氢在钢中的渗透以及氢与碳和碳化物的反应,从而产生甲烷气体[8]。这种碳损失称为脱碳(如前所述[2]),并导致钢材劣化,最终在此特定事件的情况下导致管道破裂[8]。反应氢脆化(特别是高温氢腐蚀)的影响如图 11.3 所示。

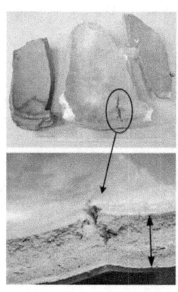

左上图:碳钢弯头部分(内表面视图)
上图:法兰段
左图:弯头中段裂缝特写

图 11.3　受到高温氢腐蚀的断裂碳钢管弯头[8]

11.2　热稳定性损失

第 4 章关于热稳定性损失的讨论主要集中在低温下的低温脆化和热收缩。Hobbs[5]重申了一个熟悉的概念,即液氢的储存温度很低,必须特别注意用于其储存材料的特性。主要关注温度降低时从延展性向脆性转变的可能性。第 4 章通过图 4.1 所示的夏比冲击数据(Charpy impact data)对此进行定量分析,这些数据清楚地表明,在低温氢气应用中,304 不锈钢优于碳钢和 201 不锈钢。

澳大利亚朗福德(Longford)天然气工厂爆炸事件充分证明了低温作业中材料选择的重要性。虽然不是液氢储存事故,但社会学家 Andrew Hopkins[9]对 Longford爆炸事件的处理经验为理解热稳定性损失的潜在后果提供了重要参考(从低温脆

---

① 译者注:psia 为磅/英寸^2,1 psia=6.894 76×10^3 Pa。

化和热收缩两个角度)。

　　Hopkins 分析的重点是由于安全管理系统和安全文化存在缺陷等组织故障导致的事故原因[9]。读者可以参考文献[9]获得完整阐述以及由此得出的一般性经验。出于本书目的,以下摘录提供了热稳定性损失[9]的细节:

> 　　由于温热贫油循环停止,导致两个换热器温度极低,其外部管道上形成一层厚厚的霜。温度下降到设计极限以下,**一个换热器的金属收缩,油泄漏到地面上**。工人试图通过拧紧某些螺栓来阻止泄漏,但没有成功。操作员们此时决定关停 GP 1(天然气工厂)的进料,以尝试处理该情况。这阻止了工厂内冷凝水位进一步降低。但操作人员并没有对工厂进行减压。相反,他们再次尝试重新启动泵来加热换热器。这是一个严重的错误。**容器中的金属部件此时温度已经非常低,脆性较大**,在重新加温之前需要时间来解冻。作业人员成功地重新启动泵,温热液体的再次引入导致压裂和一个换热器的灾难性故障。附近的火源点燃了逸出的大量挥发性液体和气体。

　　上述摘录中用粗体强调的内容分别给出了热收缩和低温脆化的实例(文献[9]中所称的低温或冷金属脆化)。Longford 发生的这些物理现象最终导致 2 人死亡、大量资产损坏以及工厂业主和周围社区的重大业务中断。

11.3　研　究　进　展

　　从案例研究中获得的实际信息对降低储氢风险很重要,基础研究对于阐明腐蚀机制和脆化反应途径也至关重要。更好地了解此类特征是设计加强措施和缓解技术的第一步。

　　综上所述,通过检索《腐蚀科学》(*Corrosion Science*)和《国际氢能杂志》(*International Journal of Hydrogen Energy*)得到表 11.1。表 11.1 并不全面,是一些最近发表的和正在进行的与氢使用材料的性能有关的部分研究。随着氢气使用新场景和新储氢材料的出现,这显然是一个重要的氢气安全领域,将受益于持续的努力。

表 11.1　氢对材料性能影响的研究文献实例

参 考 文 献	研　究　重　点
Smiyan 等[10]	高压蒸汽锅炉壳体内表面腐蚀点萌生和长大的原因及机理
Torres-Islas 等[11]	氢对不同热处理条件下 X70 管线钢力学性能的影响
Rogante 等[12]	管道窄焊缝区的晶间和晶间裂纹检测

续表

参 考 文 献	研 究 重 点
Nikiforov 等[13]	商用不锈钢、镍基合金、钛和钽在高温质子交换膜(PEM)蒸汽电解槽相应条件下的耐腐蚀性
Figueroa 和 Robinson[14]	锌/镍和铝基涂层在钢涂层工艺中替代镉的可行性
Michler 等[15]	在各种温度和压力组合下通过慢应变速率拉伸试验测量奥氏体不锈钢若干炉次的环境氢脆
Kittel 等[16]	管线钢氢致开裂的浸没试验和氢渗透测量研究
Capelle 等[17]	通过考虑阴极充氢、暴露时间和外加应力评估 X52、X70 和 X100 管线钢的吸氢能力
Yao 等[18]	氢对 316L 不锈钢钝化膜断裂应力的影响
Venegas 等[19]	通过控制晶体学织构和晶粒边界分布提高低碳管线钢试样的抗氢致开裂性能

参 考 文 献

[1]　Basquin, S., and Smith, K., Hydrogen Gas Safety. Self-Study, Document No. ESH13 - 401 - sb - 8/00, Los Alamos National Laboratory, Los Alamos, NM, 2000.

[2]　Molkov, V., Hydrogen safety research: State-of-the-art, in Proceedings of the 5th International Seminar on Fire and Explosion Hazards, Edinburgh, UK (April 23 - 27, 2007).

[3]　HySafe — Safety of Hydrogen as an Energy Carrier, http://www. hysafe. net/(accessed September 22, 2011).

[4]　Amyotte, P. R., Are Classical Process Safety Concepts Relevant to Nanotechnology Applications? Journal of Physics: Conference Series 304 (Nanosafe 2010: International Conference on Safe Production and Use of Nanomaterials), 012071, 2011.

[5]　Hobbs, J., The Hydrogen Economy: Evaluation of the Materials Science and Engineering Issues, HSL/2006/59, Health and Safety Laboratory, Buxton, UK, 2005.

[6]　NASA, Safety Standard for Hydrogen and Hydrogen Systems, National Aeronautics and Space Administration, Report NSS 1740.16, Office of Safety and Mission Assurance, Washington, D. C., 1997.

[7]　Still, J. R., Understanding hydrogen failures, Welding Journal, American Welding Society (January 2004), http://www. aws. org. wj/jan04/still_feature. html (accessed September 22, 2011).

[8]　U.S. Chemical Safety Board (CSB), Positive Material Verification: Prevent Errors During Alloy Steel Systems Maintenance, Safety Bulletin, No. 2005 - 04 - B, U.S. Chemical Safety and Hazard Investigation Board, Washington, D.C., 2006.

[9]　Hopkins, A., Lessons from Longford. The Esso Gas Plant Explosion, CCH Australia Limited, Sydney, Australia, 2000.

[10] Smiyan, O.D., Grigorenko, G.M., and Vainman, A.B., Effect of hydrogen on corrosion damage of metal of the high-pressure energetic boiler drum, International Journal of Hydrogen Energy, 27(7 – 8), 801 – 812, 2002.

[11] Torres-Islas, A., Salinas-Bravo, V.M., Albarran, J.L., and Gonzalez-Rodriguez, J.G., Effect of hydrogen on the mechanical properties of X – 70 pipeline steel in diluted NaHCO$_3$ solutions at different heat treatments, International Journal of Hydrogen Energy, 30 (12), 1317 – 1322, 2005.

[12] Rogante, M., Battistella, P., and Cesari, F., Hydrogen interaction and stress-corrosion in hydrocarbon storage vessel and pipeline weldings, International Journal of Hydrogen Energy, 31 (5), 597 – 601, 2006.

[13] Nikiforov, A.V., Petrushina, I.M., Christensen, E., Tomas-Garcia, A.L., and Bjerrum, N.J., Corrosion behaviour of construction materials for high temperature steam electrolysers, International Journal of Hydrogen Energy, 36(1), 111 – 119, 2011.

[14] Figueroa, D., and Robinson, M.J., The effects of sacrificial coatings on hydrogen embrittlement and re-embrittlement of ultra high strength steels, Corrosion Science, 50 (4), 1066 – 1079, 2008.

[15] Michler, T., Yukhimchuk, A.A., and Naumann, J., Hydrogen environment embrittlement testing at low temperatures and high pressures, Corrosion Science, 50 (12), 3519 – 3526, 2008.

[16] Kittel, J., Smanio, V., Fregonese, M., Garnier, L., and Lefebvre, X., Hydrogen induced cracking (HIC) testing of low alloy steel in sour environment: Impact of time of exposure on the extent of damage, Corrosion Science, 52(4), 1386 – 1392, 2010.

[17] Capelle, J., Dmytrakh, I., and Pluvinage, G., Comparative assessment of electrochemical hydrogen absorption by pipeline steels with different strength, Corrosion Science, 52 (5), 1554 – 1559, 2010.

[18] Yao, Y., Qiao, L.J., and Volinsky, A.A., Hydrogen effects on stainless steel passive film fracture studied by nanoindentation, Corrosion Science, 53(9), 2679 – 2683, 2011.

[19] Venegas, V., Caleyo, F., Baudin, T., Espina-Hernandez, J.H., and Hallen, J.M., On the role of crystallographic texture in mitigating hydrogen-induced cracking in pipeline steels, Corrosion Science, In press, 2011. doi: 10.1016/j.corsci.2011.08.031.

第12章　氢能安全未来需求

为了更好地实现氢能经济的预期效益,在本章中,我们在研究领域进一步提出了一些想法。Guy[1]指出,在公众广泛接受使用氢能之前,必须解决一些与之相关的安全问题。Dahoe和Molkov[2]将这些问题归纳为技术性问题和非技术性问题。非技术性问题包括认为氢气是一种危险物质,有引发火灾和爆炸的风险;技术性问题包括确保氢能的技术要求与化石燃料的技术要求达到相同的安全水平[2]。

Salvi[3]在欧盟的"重大挑战"(Grand Challenges)中扩展描述了氢能推广的技术性问题,能源的可持续性和绿色交通也是一个挑战。Salvi[3]指出:

清洁能源替代品的安全发展必须解决技术本身以及新技术在现有系统中整合的几个问题;必须以同样的系统观点对待绿色交通,例如,现有的地下基础设施必须适用于使用氢气、电池或压缩天然气的新能源汽车。

下面的章节从几个不同角度概述了氢能的研究需求:公共安全、职业安全和过程安全。第12.1节对文献进行了简要回顾,第12.2节讨论了已确定的研究需求。

12.1　文献中的氢能安全研究空白

Pasman和Rogers[4]基于以下两个主要信息源讨论了目前氢能研究的缺口:① 在消防研究基金会[与美国消防协会(NFPA)联系]下工作的氢能研究咨询委员会;② 执行氢能实施协议的国际能源署(IEA)。

根据Pasman和Rogers[4]的描述,NFPA相关的倡议确定了27个项目,其中亟待研究的11个主题排序如下:

1) 涉及火焰速度、冲击波等参数的爆炸模型的完善;
2) 广域氢气探测技术的开发和评估;
3) 氢对结构材料的影响(特别是疲劳载荷);
4) 氢气柜(用于存放加压气瓶);
5) 半封闭空间的爆燃;
6) 泄压装置的可靠性;
7) 密闭空间氢泄放的缓解措施;
8) 氢气检测系统的设计、安装、测试和维护;

9）大规模泄漏、动态场景下的点火极限和标准；

10）氢气基础设施的安全性研究；

11）防火屏障的有效性。

Pasman 和 Rogers[4]进一步解释了氢气的点火概率及其与泄放条件和泄漏特征的关系。这是风险评估研究中的一个重要课题[4]，特别是针对基础设施的安全性和防火屏障的有效性。

IEA 制作的白皮书将氢能安全研究知识缺口分为三组，Pasman 和 Rogers[4]将其描述为：

1）现有的规范和标准，以及这些规范和标准的持续改进；

2）现有的风险评估方法及其在氢能系统中的应用；

3）基础知识（与建模方法有关，包括采用计算流体动力学方法）。

Jordan[5]对 HySafe 成就的描述也提出了许多有关氢能安全未解决问题的见解（见第9章）。从技术和科学角度来看，以下主题需要进一步研究[5]：

1）低温液氢释放的特性和行为；

2）应对意外释放情况的缓解措施（如泄压装置位置和操作优化）；

3）点火现象（特别是与点火概率有关的建模）；

4）撞击和附壁射流以及喷射火（与安全排污条件有关）；

5）传感器技术；

6）现实场景（如低温、拥挤、混合不均匀的环境）下燃烧转变现象以及对缓解措施的影响，如用水喷雾处理火焰加速和 DDT 过程；

7）在受限空间中氢能汽车的使用许可要求；

8）对受限空间中氢性能的基本理解；

9）参照定量风险评估（QRA）方法应用于车库和隧道场景；

10）参照供研究人员广泛使用的燃烧模拟工具；

11）复合存储和汽车安全测试策略；

12）管道实地测试。

上面列出的几个主题与 Pasman 和 Rogers[4]的前两个主题有共同之处，例如点火现象和概率建模、风险评估方法和传感器探测系统。Jordan[5]的表中也明显强调了特定的 HySafe 重点领域，如车库、隧道和一般的密闭空间。

英国阿尔斯特大学 Vladimir Molkov 的两篇文章从技术角度对氢能安全研究需求提出了进一步的见解。第一篇是对氢能安全研究现状的回顾[6]，它认为以下几个方面仍存在尚未解决的问题：

1）泄漏；

2）点火；

3）喷射火；

4）预混燃烧和部分预混燃烧；

5）爆燃转爆轰；

6）用于危害和风险评估的 CFD。

文献[6]对每个领域的研究需求进行了详细分类,他们的研究课题与 Jordan[5] 的研究课题非常一致。其中一个特别重要的课题是关于加压氢气释放的自燃[6], 这一点也明显体现在 2008 年《过程工业损失预防》(*Journal of Loss Prevention in the Process Industries*)氢能安全特刊的稿件中。Molkov[7]在序言中写道,10 篇论文中有 4 篇与氢气突然高压释放自燃这一实际问题有关,其余的论文涉及氢气爆炸、金属氢化物火灾事故、CFD 建模以及氢能安全培训和教育等主题——这些都是已经确定的主题。

在此总结的其他科研人员和从业人员确定的研究需求可以作为对该领域感兴趣的人进行氢能安全研究的切入点。虽然氢能研究涉及的技术可行性的其他问题也很重要,但本书的主题是阐明对氢气作为能源载体的安全性进行补充的总体需要。

12.2　氢能安全需求：关于研究的一些想法

本书的最后一章简要回顾了我们继续研究氢能安全的必要性。过去几十年中,涉及氢气处理的过程工业一直在尝试将风险降低到可接受水平。涉及氢气的工艺事故确实发生过(见第 10 章),向这一行业寻求有关未来研究需求的指导似乎是有帮助的。文献[8]从工业角度阐述了过程安全的研究需求,旨在激起“研究前沿”(Frontiers of Research)研讨会的讨论,该研讨会由得克萨斯农工大学玫琳凯奥康纳过程安全中心(Mary Kay O'Connor Process Safety Center at Texas A&M University)的 Sam Mannan 教授组织。本章中其余考虑氢能具体问题的部分改编自 Amyotte 的研究[8]。

12.2.1　一般过程安全研究需求

如果认为每个人的过程安全研究内容都反映了真正的工业需求,这似乎有些以自我为中心。当研究得到工业界的直接支持,并由资助机构通过战略性的、有针对性的计划进行资助时,这也许是一个有效的假设。根据这一前提,Amyotte 和 Khan[9]目前关于粉尘爆炸的研究与工业相关。

这项工作针对四个主题开展：① 实验；② 建模；③ 制定风险管理协议；④ 与行业、学术界和公众的交流。进行实验研究的燃料/空气系统包括选定的纳米材料、絮状(纤维)材料和混合物(可燃粉尘和可燃气体的混合物)。建模工作包括现象学、热力学和 CFD 方法。风险管理部分旨在帮助推进粉尘爆炸的预防和缓解，从强调危害（依赖主体设计或附加安全特性）转向关注风险（依赖分层的、基于风险的决策工具）。最后的主题是：以有意义的方式向各利益相关者有效传达粉尘爆炸研究结果时存在严重问题。

就内容而言，有助于上述研究获得资助的因素可能有以下几点：

1）行业一致认为燃料/空气系统的选择需要更多数据；

2）实验工作与建模研究的结合（从而最终减少该领域的经验性）；

3）从绝对安全措施转向基于风险选择的相对措施；

4）希望通过期刊论文和会议报告以外的方式进行交流（与这些传播途径同样重要）。

同样，将上述观点作为甄别具有产业相关性研究的普遍因素来推广似乎也是以自我中心的。但是，为了说明目的，很难认为这些观点仅与 Amyotte 和 Khan[9] 提出的案例有关。

为了扩大对工业过程安全研究需求的搜索范围，我们查阅了一些关于该主题的专题论文（Amyotte[10]、Hendershot[11]、Kletz[12]、Knegtering 和 Pasman[13]，以及 Qi[14]）来确定反复出现的关键词。此外，还注意到由化工过程安全中心（CCPS）和美国化学工程师协会（AIChE）安全与健康部主办的全球过程安全大会（Global Congress on Process Safety）最近几期会议的会议名称。本次活动由损失预防研讨会（Loss Prevention Symposium）、过程工厂安全研讨会（Process Plant Safety Symposium）和 CCPS 国际会议（CCPS International Conference）组成。还有化学工程师学会的危害研讨会（Hazards Symposia）和欧洲化学工程联合会的过程工业的损失预防和安全推广研讨会（Loss Prevention and Safety Promotion in the Process Industries Symposia）协助。

通过上述步骤，得到了表 12.1 第一列中所示的通用关键字。然后，通过搜索三个主要与过程安全相关的档案期刊，确定了包含这些关键词的论文：①《过程工业损失预防》（Journal of Loss Prevention in the Process Industries，JLPPI，1988~2011年）；②《过程安全与环境保护》（Process Safety and Environmental Protection，PSEP，1996~2011 年）；③《过程安全进展》（Process Safety Progress，PSP，1993~2011年）。表 12.1 中每个期刊的专栏条目给出了作者自报上述关键字的论文数量。表 12.2 对上一段提到的专题论文中确定的一组更具体的关键词重复该过程[请注意，表 12.1 和表 12.2 中最后一栏《国际氢能杂志》（International Journal of Hydrogen Energy，IJHE）的讨论如 12.2.2 节所述]。

表 12.1 和 12.2 中数据之间的比较，以及从这些数据中得出的任何结论，都具有潜在缺陷，例如与下列问题有关的缺陷：

表 12.1　一般过程安全关键词和对应的期刊论文

关　键　词	JLPPI	PSEP	PSP	IJHE
风险评估	110	39	21	13
量化风险评估	20	5	6	7
安全管理或安全管理制度	41	10	29	1
事故调查或事件调查	7	4	7	0
人为错误或人为因素	23	12	13	0
安全文化	6	7	11	0
绩效指标或关键绩效指标	3	2	7	2
本质的安全或本质的更安全的设计	21	20	14	2
安全或工厂安全	9	6	1	4
海上安全	12	3	1	0
反应性化学或反应性危害	3	1	2	0
粉尘爆炸	113	10	9	1
气体爆炸	64	12	9	1

注：JLPPI,1988~2011 年；PSEP,1996~2011 年；PSP,1993~2011 年；IJHE,1976~2011 年。

表 12.2　具体过程安全关键词和对应的期刊论文

关　键　词	JLPPI	PSEP	PSP	IJHE
HAZOP	18	13	8	1
FMEA	1	0	0	2
故障树	13	6	2	3
事件树	5	4	0	1
蝴蝶结	3	4	2	0
贝叶斯法	9[a]	3	0	1

注：JLPPI,1988~2011 年；PSEP,1996~2011 年；PSP,1993~2011 年；IJHE,1976~2011 年。

a. 除了 Kirchsteiger[15]，其他论文都是在 2006 年或之后发表的。

1）某一个主题被广泛研究，是否一定意味着该主题反映了实际的行业需求？尽管 JLPPI、PSEP 和 PSP 上很多论文由工业界的从业者撰写，但这些期刊上也有许多论文出自学术界和政府中心的研究人员。

2）专注于某一特定主题的特刊的实际影响是什么？例如，JLPPI 出版了特刊，其中包括在工业爆炸危害、预防和缓解国际研讨会（International Symposia on Hazards, Prevention, and Mitigation of Industrial Explosions, ISHPMIE）上发表的论文,这些论文几乎只涉及气体和粉尘爆炸。这解释了表 12.1 最后两行中 JLPPI 论文数多的原因,但也限制了任何试图将表 12.1 和 12.2 中数据进行标准化做法的有效性。

3) 是否应该得出结论:与一个低活跃度的主题相比,一个有更多论文将其作为关键字的主题更适用于工业? 例如,反应性化学/反应性危害研究对工业界的重要性不如人为错误/人为因素研究? 从表 12.1 中的数据得出这样的结论仅仅是一种推测。最糟糕的情况是,以这样结论的指导研究工作可能适得其反。

尽管存在上述困难,但根据表 12.1 和 12.2 可以推测并提出两个关键的工业需求以供讨论。首先,需要在以下五个领域继续开展研究:① 风险评估(定性和定量);② 安全管理系统(包括各种要素,如事故调查和人为因素);③ 安全文化(包括关键绩效指标或 KPI);④ 本质安全设计[包括安保(security)、安全问题(safety),以及海上和陆上设施];⑤ 物质危害(由化学反应性、易燃性和易爆性决定)。其次,长期使用的方法(如故障树)和最新的方法(如贝叶斯网络,见表 12.2 的注释)在这五大研究领域的知识体系研究都可以发挥作用。

以下是工业界对过程安全研究需求的补充意见:

1) 行业需要(或者更确切地说,希望)使用简单的过程安全分析工具。不要把易用(simple to use)和简单化(simplistic)混为一谈,所有过程安全研究工作都要求科学和工程的严谨性。尽管这一说法显而易见,但仍值得重申。

2) 在确定行业需求时,我们应该考虑与过程工业相关的事故案例。在这方面,美国化学品安全委员会(CSB)提供的调查报告具有重要价值。Amyotte、MacDonald 和 Khan[16]对这些报告进行了分析,重点讨论了在本质安全设计和安全管理系统方面应吸取的教训。

3) 跨学科思考是未来成功满足行业过程安全研究需求的关键。过程工业在将化学与工业化学家所从事的化学结合到化学/过程工程领域已经取得了一定的成就(然而,在这方面仍有许多工作要做;见证了化学研究人员需要持续参与本质安全设计领域的需求)。过程安全研究人员也采用了博弈论和多属性决策等其他学科的元素。在过程安全研究中一些来自社会科学的研究成果没有被广泛采用。在这方面,社会学家 Andrew Hopkins 的研究具有重要意义(参考文献[17]~[20])。

上面最后一点涉及一个过程安全研究需求的核心问题:技术解决方案是否足够? 是否需要更多以人为中心的思考? 以下改编自 Hendershot[11]的两张幻灯片:

- 下一步是什么? 未来的挑战
  - 化学工业全球化——在发展中国家建立安全文化;
  - 持续的经济压力——需要用更少的资源做更多的事情;
  - 在频繁的合并、收购、资产剥离和其他商业环境变化中保持良好的过程安全文化与管理体系;

　　· 传统化工行业以外的其他行业(生物技术、电子、食品、制药等)的
　　　化学过程安全。
　● 下一步是什么？ 未来的挑战
　　· 自满情绪；
　　　——是否有人认为过程安全是一个已经解决的问题？
　　　——丰富的经验是否会威胁到负责这种丰富经验的项目？
　　· 广大工业界的教育和意识。
　● 例如反应性危害、粉尘爆炸

　　全球化(globalization)、文化(culture)、经济(economics)、管理(management)、自满(complacency)、教育(education)、意识(awareness)等术语都是对工业很重要的概念。但是,这些概念是否被具有主要科学和工程背景的过程安全研究人员牢牢掌握？ 在考虑 21 世纪的过程安全研究需要时,我们建议将此作为思考的内容。

12.2.2　针对氢气的过程安全研究需求

　　是否可以认为专门针对氢气的过程安全研究需求不同于一般的研究？ 我们认为答案是否定的——至少在宏观层面上是否定的。总有一些物质危害问题,如第 12.1 节中所确定的问题,是一般性审查(第 12.2.1 节)无法捕捉到的。然而,第 12.2.1节中提出的观点与前几章是一致的(例如,第 7 章的本质安全设计和第 8 章的安全管理系统)。

　　表 12.1 和表 12.2 的最后一列显示了在《国际氢能杂志》上过程安全关键词的搜索结果。结果显示,关键词在所调查的大多数领域中都有一定的活跃度,尽管其频率低于常见的另外三种工艺安全期刊。因此提出以下两种想法：

　　1) 非过程导向的氢工业是否应该尝试从过程工业中学习更多可迁移的研究知识(例如,包括加氢站在内的氢气分配系统应该具有本质安全特性[4])？
　　2) 是时候创办一本专门研究氢能安全的同行评议杂志了吗？

参 考 文 献

[1] Guy, K.W.A., The hydrogen economy, Process Safety and Environmental Protection, 78(4), 324 – 327, 2000.

[2] Dahoe, A.E., and Molkov, V.V., On the implementation of an international curriculum on hydrogen safety engineering into higher education, Journal of Loss Prevention in the Process Industries, 21(2), 222 – 224, 2008.

[3] Salvi, O., Process Safety Research and its Impact on Sustainability and Resilience of the Society, Plenary Paper, A Frontiers of Research Workshop, Mary Kay O'Connor Process Safety Center, Texas A&M University, College Station, TX (October 21 – 22, 2011).

[4] Pasman, H. J., and Rogers, W. J., Safety challenges in view of the upcoming hydrogen economy: An overview, Journal of Loss Prevention in the Process Industries, 23(6), 697 – 704, 2010.

[5] Jordan, T., Adams, P., Azkarate, I., Baraldi, D., Barthelemy, H., Bauwens, L., Bengaouer, A., Brennan, S., Carcassi, M., Dahoe, A., Eisenrich, N., Engebo, A., Funnemark, E., Gallego, E., Gavrikov, A., Haland, E., Hansen, A.M., Haugom, G.P., Hawksworth, S., Jedicke, O., Kessler, A., Kotchourko, A., Kumar, S., Langer, G., Stefan, L., Lelyakin, A., Makarov, D., Marangon, A., Markert, F., Middha, P., Molkov, V., Nilsen, S., Papanikolaou, E., Perrette, L., Reinecke, E.-A., Schmidtchen, U., Serre-Combe, P., Stocklin, M., Sully, A., Teodorczyk, A., Tigreat, D., V enetsanos, A., Verfondern, K., Versloot, N., Vetere, A., Wilms, M., and Zaretskiy, N., Achievements of the EC Network of Excellence HySafe, International Journal of Hydrogen Energy, 36(3), 2656 – 2665, 2011.

[6] Molkov, V., Hydrogen safety research: State-of-the-art, in Proceedings of the 5th International Seminar on Fire and Explosion Hazards, Edinburgh, UK (April 23 – 27, 2007).

[7] Molkov, V., Preface. Special Issue on Hydrogen Safety, Journal of Loss Prevention in the Process Industries, 21(2), 129 – 130, 2008.

[8] Amyotte, P.R., Process Safety Research Needs from the Industry Perspective, Plenary Paper, A Frontiers of Research Workshop, Mary Kay O'Connor Process Safety Center, Texas A&M University, College Station, TX (October 21 – 22, 2011).

[9] Amyotte, P. R., and Khan, F. I., An Inherently Safer Approach to Dust Explosion Risk Reduction, Strategic Project Grant (Safety and Security) No. 396398, Natural Sciences and Engineering Research Council of Canada, 2010.

[10] Amyotte, P. R., Are Classical Process Safety Concepts Relevant to Nanotechnology Applications? Journal of Physics: Conference Series 304 (Nanosafe2010: International Conference on Safe Production and Use of Nanomaterials), 012071, 2011.

[11] Hendershot, D.C., Ventrone, T.A., Schwab, R.F., Ormsby, R.W., Davenport, J.A., and Bradford, W.J., History of Process Safety and Loss Prevention in the American Institute of Chemical Engineers, Presented at the American Chemical Society, National Meeting, Washington, D.C. (August 28 – September 1, 2005).

[12] Kletz, T. A., The origin and history of loss prevention, Process Safety and Environmental Protection, 77(3), 109 – 116, 1999.

[13] Knegtering, B., and Pasman, H.J., Safety of the process industries in the 21st century: A changing need of process safety management for a changing industry, Journal of Loss Prevention in the Process Industries, 22(2), 162 – 168, 2009.

[14] Qi, R., Prem, K., Ng, D., Ranes, M., Yun, G., and Mannan, M.S., Challenges and needs for process safety in the new millenium, Process Safety and Environmental Protection, 90(2), 91 – 100, March 2012.

[15] Kirchsteiger, C., Impact of accident precursors on risk estimates from accident databases, Journal of Loss Prevention in the Process Industries, 10(3), 159 – 167, 1997.

[16] Amyotte, P.R., MacDonald, D.K., and Khan. F.I., An analysis of CSB investigation reports concerning the hierarchy of controls, Process Safety Progress, 30(3), 261 – 265, 2011.

[17] Hopkins, A., Lessons from Longford. The Esso Gas Plant Explosion, CCH Australia Limited, Sydney, Australia, 2000.

[18] Hopkins, A., Safety, Culture and Risk. The Organisational Causes of Disasters, CCH Australia Limited, Sydney, Australia, 2005.

[19] Hopkins, A., Failure to Learn. The BP Texas City Refinery Disaster, CCH Australia Limited, Sydney, Australia, 2009.

[20] Hopkins, A. (Editor), Learning from High Reliability Organisations, CCH Australia Limited, Sydney, Australia, 2009.

第 13 章　氢能安全法规要求

13.1　概述和定义

法规(regulation)、规范(code)和指令(directive)是立法机构(议会、政府、欧盟)提出的法律要求,对从事特定活动的每个人都具有强制性。相反,标准(standard)、准则(guideline)和行为准则(codes of practice)对从事相关活动的行业组织来说是有用的自愿性文件(voluntary document)。

行为准则通常是指产品安全处理、操作和维护的最佳实践。准则(guideline)或指南(guide)是为特定组织或特定用户编写的文件,为保证最佳实践和安全提供指导,或为规范、标准和法规提供信息并进行分析以满足这些需求。这是目前可用的前沿技术。最佳工程实践(best engineering practices)是指在工业和其他活动中设计、建造或操作机器和其他设备的最佳可用实践。

在欧盟,指令是所有欧洲国家建立共识的法律要求。指令只有在每个成员国的国家立法通过预定的时间后才具有强制性。但是,欧洲还没有关于氢气的指令。指令没有特别涉及有关任何物质的事项,通常在其他特定应用的指令中附带提及。因此,只有国家立法才能规定包括氢气在内的有害物质的最低水平。

对于压力容器,欧洲压力设备指令(European Pressure Equipment Directive, PED)和移动式压力容器指令(Transportable Pressure Equipment Directive, TPED)涉及有关氢的内容。而这些指令又涉及危险品安全运输的国际协议,如 ADR(公路)、RID(铁路)、IMO(海上)和 ADNR(内河)。国际机动车辆使用许可通过联合国欧洲经济委员会(United Nations Economic Commission for Europe, UNECE)获得。

13.1.1　ATEX 指令

关于防止可燃气体(包括氢气)泄放造成危害的法规,94/9/EC 指令(ATEX 100 指令)和 99/92/EC 指令(ATEX 118 指令)包含相关内容。ATEX 的名字来源于 94/9/EC 指令的法语名称:Appareils destinés à être utilisés en ATmosphères Explosives(爆炸性环境中使用的设备)。《塞维索 II 指令》涵盖了重大事故的预防和减轻对人类、设施和环境的影响。

ATEX 指令 EC/1999/92 规定了最大限度地减少潜在爆炸性环境的风险来改善工作环境的安全和健康的最低要求。从这个意义上说,氢气与空气混合时有形成爆炸性气体的危险。为防止此类事件发生,企业负责人必须根据以下原则采取一系列措施:

1）防止 ATEX 的形成；

2）避免 ATEX 的点燃；

3）减轻爆炸影响。

为了完成这项工作,企业负责人必须进行风险评估研究,以确定：

1）ATEX 事件发生的可能性；

2）存在有效点火源的可能性；

3）与装置、物质和使用过程相关的预期影响的规模。

企业负责人还应将危险区域分类如下：

区域 0,ATEX 持续存在或长时间存在或高频率存在的场所；

区域 1,在正常操作过程中偶尔有 ATEX 风险的场所；

区域 2,在正常运行和短期内不太可能有 ATEX 的场所。

ATEX 指令中有关氢气危害的应用,举例如下：

1）使用氢气的过程（如空气进入加氢反应器后）；

2）通过金属粉末与水反应产生氢气的封闭空间（特别是酸化时）；

3）铅蓄电池加注过程氢气的产生；

4）加压设施中氢气的释放。

除了该 ATEX 指令,还有许多其他指令与包括氢气在内的易燃气体有关,如机械指令。

13.1.2　其他官方文件

考虑到氢能安全的国际标准化,名为"氢能技术"（Hydrogen Technologies）的 ISO 197 技术委员会发布了以下官方文件：

1）ISO 13984,1999 液氢-车辆加注系统接口（Liquid hydrogen – Land vehicle fuelling system interface）；

2）ISO 14687,1999 氢燃料-产品规格（Hydrogen fuel – Product specification）；

3）ISO 14687,1999/Cor 1：2001（上述文件的更新）；

4）ISO/PAS 15594,2004 机场加氢燃料设备的操作（Airport hydrogen fuelling facility operations）；

5）ISO/TR 15916,2004 氢系统基本安全要求（Basic considerations for the safety of hydrogen systems）；

6）ISO 17268,2006 压缩氢气的地面车辆加注连接装置（Compressed hydrogen surface vehicle refuelling connection devices）。

此外,ISO TC22 道路车辆委员会（Road Vehicles）已经通过其 SC 21 小组委员会发布了标准"电动道路车辆"（Electrically propelled Road Vehicles）和 SC 25"使用气体燃料的车辆"（Vehicles using gaseous fuels）。SC 21 委员会还发布了与氢气有

关的官方文件 ISO 23273 - 2"燃料电池道路车辆-安全规范"(Fuel cell road vehicles - Safety specifications)和第 2 部分:"压缩氢燃料车辆的氢危害防护"(Protection against hydrogen hazards for vehicles fuelled with compressed hydrogen)。

在 HySafe(氢气作为能源载体的安全,见第 9 章)[1]中可以找到一些其他有用的指南和其他文件,如下所示:

1) 欧洲共同体委员会,《氢安全指南的要素》,特殊实验、适用设备和材料的选择,第 1 卷,报告 EUR 9689 FR,卢森堡,1985 年。

Commission des Communautés Européennes, Eléments pour un guide de sécurité hydrogène, Expérimentations spéciiques, choix d'appareils et matériels adaptés, Volume 1, Rapport EUR 9689 FR, Luxembourg 1985.

2) 欧洲共同体委员会,《氢安全指南的要素》,概述,第 2 卷,报告 EUR 9689 FR,卢森堡,1985 年。

Commission des Communautés Européennes, Eléments pour un guide de sécurité hydrogène, Aperçu d'ensemble, Volume 2, Rapport EUR 9689 FR, Luxembourg 1985.

3) FM Global,"氢",财产损失预防数据表 7 - 91,2000 年 9 月。

FM Global, "Hydrogen," Property Loss Prevention Data Sheets 7 - 91, September 2000

4) IGC 15/96/E,氢气加注站,工业气体委员会,比利时,布鲁塞尔。

IGC 15/96/E, Gaseous Hydrogen Stations, Industrial Gases Council, Brussels, Belgium

5) IGC 06/93/E,液氢储存、处理和分配的安全,工业气体委员会,比利时,布鲁塞尔。

IGC 06/93/E, Safety in Storage, Handling and Distribution of Liquid Hydrogen, Industrial Gases Council, Brussels, Belgium.

6) ISO/TR 15916,氢系统安全性的基础问题(Considérations fondamentales pour la sécurité des systèmes à l 'hydrogène),第一版,2004 - 02 - 15。

ISO/TR 15916, Basic Considerations for the Safety of Hydrogen Systems (Considérations fondamentales pour la sécurité des systèmes à l'hydrogène), first edition, 2004 - 02 - 15.

7) 美国国家标准协会,《氢和氢系统安全指南》,美国航空航天研究所,ANSI/AIAA G - 095 - 2004,第四章。ANSI,华盛顿特区,2004 年。

American National Standard Institute, Guide to Safety of Hydrogen and Hydrogen Systems, American Institute of Aeronautics and Astronautics, ANSI/AIAA G - 095 - 2004, Chap. 4. ANSI, Washington, D.C., 2004.

8) NASA/TM - 2003 - 212059,《零部件和氢系统危害分析指南》,哈罗德·比森(林登·约翰逊航天中心白沙试验设施),斯蒂芬·伍兹(霍尼韦尔技术解决方案公司·白沙测试设施);出版于 TP－WSTF－937,2003 年 10 月。

NASA/TM－2003－212059, "Guide for Hydrogen Hazards Analysis on Components and Systems," Harold Beeson (Lyndon B. Johnson Space Center White Sands Test Facility), Stephen Woods (Honeywell Technology Solutions Inc. White Sands Test Facility); Published as TP－WSTF－937, October 2003.

9) NASA,《NASA 格伦安全手册:第 6 章-氢》,修订日期:2003 年 9 月,每年两次审查。

NASA, "NASA Glenn Safety Manual: Chapter 6－Hydrogen," Revision Date: 9/03, Biannual Review.

10) NFPA 50A,《气态氢系统现场应用标准》,国家消防协会,马萨诸塞州,昆西,1999 年。

NFPA 50A, "Standard for Gaseous Hydrogen Systems at Consumer Sites," National Fire Protection Association, Quincy, Massachusetts, 1999.

11) NFPA 50B,《液态氢系统现场应用标准》,国家消防协会,马萨诸塞州,昆西,1999 年。

NFPA 50B, "Standard for liquefied hydrogen systems at consumer sites," National Fire Protection Association, Quincy, Massachusetts, 1999.

12) NFPA 853,《固定式燃料电源系统安装标准》,美国国家消防协会,马萨诸塞州,昆西,2003 年。

NFPA 853, "Standard for the Installation of Stationary Fuel Cell Power Plants," National Fire Protection Association, Quincy, Massachusetts, 2003.

13) NRCC 27406,《氢安全指南》,氢气安全委员会,加拿大国家研究理事会,渥太华,1987 年。

NRCC 27406, "Safety Guide for Hydrogen," Hydrogen Safety Committee, National Research Council of Canada, Ottawa, 1987

有些准则(guidelines)和行为准则(codes of practice)更注重本质内容,包括美国国家标准 ANSI/AIAA G－095－2004、美国航空航天学会的《氢和氢气系统安全指南》(*Guide to Safety of Hydrogen and Hydrogen Systems*)[2]、美国运输部的《商用车辆氢气燃料使用指南》(*Guidelines for Use of Hydrogen Fuel in Commercial Vehicles*)最终报告[3],以及欧洲工业气体协会(European Industrial Gases Association, EIGA)关于液氢储存、处理和分配安全(Safety in Storage, Handling and Distribution of Liquid Hydrogen)的行为准则(Code of Practice, COD)[4]。这些都将在以下章节详细介绍。

13.2 氢气设施

本节列举确保氢气储存和转移区域安全的一般准则。此类设施应提供良好的照明、防雷、报警系统以及气体检测和采样系统。更详细的安全准则涉及安全政策、氢气设施的建设、运行、维护和最终处置的安全。在美国国家标准 ANSI/AIAA G-095-2004[2] 中，可以找到用于氢气服务的建筑物和实验室的安全措施和应急程序。本节给出了其中的一些综述信息以及其他参考资料[5]。

13.2.1 电气注意事项

根据国际公认的规定，预计会出现可燃氢气混合物的区域，氢气储存、转移或使用的区域，以及通常含有氢气的区域，均被列为高度危险区。在这些区域应禁止所有的点火源，使用经批准的防爆设备或经批准的无电弧设备。

防爆设备有一个足够坚固的外壳，能够容纳在外壳内点燃易燃混合物所产生的压力。由于它不是气密的，所以接头和螺纹必须足够紧、足够长，以防止释放出温度足以点燃周围可燃性混合物的火焰或气体。

另一种防止气体爆炸的方法是将设备放置在用惰性气体净化并保持高于环境压力的外壳中。设备中使用的本质安全装置应该被批准用于氢服务。

如果连续使用清洁空气或氮气进行吹扫，在通用外壳中可以使用通用设备。在这种情况下，不得将氢气源接入设备，并且必须提供持续吹扫的明确指示。将可能成为火源的物品放在危险区域外，可以降低安装成本，提高安全性。安装在危险区域但在危险时期不需要的设备，只要在危险时刻前断开，便可以与通用设备一起建造。此类系统的导管在离开危险区时必须密封。

13.2.2 连接和接地

在排放氢气之前，移动式供氢装置必须按照规定与系统进行电气连接。

液态氢容器（静态和移动）和相关管道必须根据预期的接地电流，使用适当尺寸的接地导体和可接受的连接件进行电气连接和接地。

所有卸载设施必须提供方便的接地连接，并位于直接转移区域之外。设施接地的电阻应小于 $10\ \Omega$。传输子系统组件应在子系统连接之前完成接地。

13.2.3 输氢管线

从拖车和贮氢容器中输送氢气的管线必须安装在地面上。穿越道路的输氢管线应安装在有开放式栅栏的混凝土通道中，并且不应位于输电线下方。位于液氢管线下方区域的表面（冷凝液态空气可能在该处掉落）必须由混凝土等不可燃材料制成,不得使用沥青。

管道泄漏一直是很多氢气和其他气体燃料事故的诱因。这是由于氢气密度非常低,很容易穿越连接管道和其他开口进入建筑物的上层,并在其他空间引起二次爆炸。

13.2.4　消除点火源

使用氢气的装置应通过连接避雷针、架空电缆和接地棒来防止雷击。雷击可能会诱发火花,因此,建筑物内的所有设备都应进行连接和接地,以防止火花。

在移动的机械皮带或含有固体或液体颗粒的流体中可能会产生静电。为限制静电产生和积累而采取的措施包括以下方面:

1) 将系统内所有金属部件连接和接地;

2) 使用导电的机械皮带;

3) 使用防静电纤维制成的服装;

4) 使用导电和不产生火花的地板。

火花也可能由其他途径产生,如摩擦和碰撞。由于点燃可燃氢气-空气混合物所需的能量非常小,即使是防火花的工具也会引起着火。因此,应谨慎使用防火花工具,以防止滑倒、击打或跌落引起火花。如果没有防火花的工具,更需要特别小心。

13.2.5　高温物体、明火和阻火器

为消除被明火和高温物体引发的燃烧,并防止火势扩散到其他区域(多米诺效应)而采取的措施包括:禁止在氢气设施周围的禁区内使用明火、焊接或切割,为内燃系统配备排气系统火花防护装置,以及化油器阻火器。考虑到氧化剂的存在,只能使用专门为氢气应用设计的阻火器。阻火器可以在从气体混合物中去除足够热量的基础上熄灭火焰。由于氢气的熄火间距很小(0.6 mm),因此氢气的阻火器和防爆设备的研制相当困难。与烧结不锈钢阻火器相比,烧结青铜阻火器可以有效地阻止氢气火焰。许多事故都是由于安全装置维护不当造成的,因此应保证阻火器得到良好的维护,以减少意外起火。

13.2.6　建筑物设计与建造

使用氢气的建筑物必须采用轻质不燃材料建造在足够坚固的框架上。窗玻璃必须由防碎玻璃或塑料制成。地板、墙壁和天花板的设计和安装应限制静电的产生和积累,并至少具有 2 h 的耐火等级。

13.2.6.1　爆炸通风口

爆炸通风口必须设置在外墙或屋顶。每立方米房间容积的通风口面积不应小于 0.11 m²。通风口的设计用于最大内部压力为 1.2 kPa 的情况下泄压,可由一个或多个

轻质材料的墙壁、轻轻紧固的舱口盖、外墙或屋顶向外开启的旋转门组成。

门上的铰链应能在爆炸时向外摆动,并且必须便于人员进出。墙壁或隔板必须从地板到天花板连续且牢固地固定。其中至少有一堵墙是外墙,而且房间不能与建筑物的其他部分相通。在含有氢气的房间里,只能使用间接方式进行加热,如蒸汽和热水。

13.2.6.2 实验设施

实验设施(实验室、实验单元或实验台)的建造应符合相应的安全标准和准则。对于不能保证充分通风来防止爆炸危险的实验室,应提供氮气、二氧化碳、氦气、蒸汽等的惰性环境。实验室压力应高于大气压力,以避免空气进入。但是,系统的设计必须防止邻近区域的人员窒息。除非封闭空间条件是安全的,系统设计必须防止人员进入实验室。

部分真空可用于限制实验室内的氧化剂(如氧气)。在这种条件下,真空应该足以将爆炸的压力限制在系统所能承受的范围内。在设计管道的封头、挡板和其他障碍物时,应将反射冲击波考虑在内。由于爆炸的剧烈性,应使用极限应力值。

13.2.7 禁区和管制区标牌

隔离区必须张贴标牌、海报和标签,以便人员了解该区域的潜在危险。

气态氢气系统必须永久张贴如下标语:

氢气-易燃气体-禁止吸烟-禁止明火

液态氢系统的储存场所必须用栅栏围起来并张贴标牌,以防止未经授权的人员进入,并张贴如下标语:

液氢易燃气体-禁止吸烟-禁止明火

必须在容器上靠近减压阀的通风口处或通风口上设置标志,警告不要在通风口上或通风口内喷水。

必须在所有含有液氢的建筑物、单元、房间和储存区域的明显位置标明在任何时候允许的工人和临时工人的最大数量,以及推进剂材料的最大数量及其组别/类别。安全淋浴设施必须张贴如下标语:

不得用于低温冻伤的治疗

13.2.8 氢系统及其周围环境的保护

13.2.8.1 屏障

设置屏障是为了保护不受控制的区域免受氢系统故障的影响,并保护氢系统免受邻近作业的影响。压力容器、管道和部件的设计应确保由超压或材料缺陷引起的故障不会产生破片。由于屏障已经被证实对防护破片最有效,且在远离破片的地方减少超压的效果有限,因此屏障应建在预计的破片源附近,并且在所要保护的设备的直接视线范围内[6]。

在许多情况下,设备的外壳可以提供保护。弹片保护可以通过放置在要保护的设备附近的防爆帘或防爆垫来实现。

屏障通常被建造成土墩和单护坡屏障。土墩(土方工程)是指坡顶至少0.91 m宽的倾斜泥土高地,而单护坡屏障是支撑在面向危险源一侧挡土墙上的土墩。

仿真结果[6]和实验结果[7]表明:

1)屏障的设计应能阻挡可能产生碎片的设备和受保护物品之间的路径;

2)屏障应放置在碎片源附近,以起到最好的保护效果;

3)屏障的效果取决于地面上的高度以及屏障的位置、尺寸和配置;

4)屏障可以降低屏障后的峰值超压和冲量,但屏障反射可能会放大屏障后的冲击波;

5)单护坡屏障比土墩更有效。

13.2.8.2　液体泄漏和蒸气云扩散

液氢(LH_2)从储罐泄漏将导致地面上出现短暂的可燃气云。液体的快速蒸发使得氢蒸气与空气迅速混合,稀释到不可燃的浓度,温度升高开始受到向上的浮力作用。在这种情况下,采取的事故预防措施是自然扩散或限制泄漏[8]。

如果设置屏障作为保护措施,那么它们不应过度限制所形成的蒸气云,因为这可能导致爆炸而不是简单点燃泄漏的氢气。即使没有顶,LH_2在开放式(U 型)掩体内泄漏也可能诱发氢气-空气混合物的爆炸[2]。

对于LH_2,尽管液化天然气(LNG)需要采取这种措施来延长可燃云的蒸发和在地面的移动时间,但仍不建议在储罐周围设置堤坝和屏障。氢气探测器的位置应能显示易燃混合物在地面上的可能移动趋势。下水道不得位于可能发生液氢泄漏的区域。

13.2.8.3　防护罩和蓄水区

在设计使用氢气的设施时,应该包括控制泄漏引起的液体和蒸气流动范围的蓄水区和防护罩。装载区域和传输管道下面的地形应该被引向一个水箱或蓄水池。在蓄水区应使用碎石为液氢消散提供额外的表面积。

氢气-空气混合物在自由空间的起火通常导致燃烧或爆燃,在一定程度的约束下爆燃可以演变为爆轰。因此,装置的精细设计应消除设备或建筑物可能产生的约束。

13.2.9　数量-距离关系

尽管各国在确定LH_2储存设施与住宅建筑之间的数量-距离关系方面做了许

多努力,但由于每个机构做出的假设不同,结果在很大程度上是不确定的。国际原子能机构[9]已经采纳了不同国家和机构的规范和标准中规定的许多数量-距离关系。图 13.1 对它们进行了比较。

1 美国国防部第 4145.21 号令(1964 年)
2 美国消防协会(NFPA),波士顿(1973 年)
3 美国陆军物资指挥部安全手册第 385 - 224 号令(1964 年)
4 矿务局,匹兹堡(1961 年)
5 德国联邦内政部,针对液化气体的核电站,波恩(1974 年)
6 高压气体控制法规,日本(第一类)

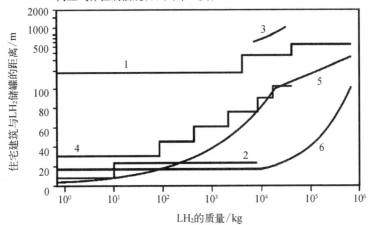

图 13.1 不同国家和机构的 LH_2 储罐与居住建筑的安全距离
和 LH_2 质量的关系(请注意坐标上的比例变化)[9]

许多确定数量-距离关系的研究都转向了立方根比例法。该方法将易燃物质的质量与距离联系起来定义安全距离,用简单方程表示为

$$R = k \times M^{1/3}$$

式中,R 是到质量为 $M(kg)$ 的易燃物质的距离(m);系数 k 取决于要保护的建筑物类型,根据德国的建议,该系数对于工作建筑是 2.5 到 8,对于住宅建筑是 22,对于假定不造成损害是 200。如果采取覆盖土或防护墙等防护措施,可以通过阻尼参数来改变系数 k。

13.3 车用氢气燃料

美国交通部的《商用车用氢气燃料使用指南》[3]的最终报告详细介绍了这一问题。因此,下面将介绍其建议,关注车用氢气燃料安全问题的读者可参考这份有价值的报告。

13.3.1　车用氢气系统的准则

13.3.1.1　压缩氢气系统

车辆设计——出于安全考虑,以氢气作为燃料的汽车应贴上"压缩氢气"的菱形标签,标签应在阳光下 15 m 处清晰可见。气体压力应分为三个阶段降低:燃料储存系统(最高 345 bar)、动压回路(最高 12 bar)、低压回路(最高 1 bar)。整个系统应该配备适当的泄压装置、隔离阀和低位调节器。

根据 NFPA 2005[10],建议整个气体系统的安全系数为 3,至少对于在美国流通或制造的车辆来说是这样。

此外,还应遵循许多其他建议,下面列出了其中一些建议:

1) 燃料缸应永久标明"氢气",并牢固安装,防止道路碎片造成损害;

2) 所有钢瓶应配备 PRD(泄压装置)、TRD(散热装置)和手动截止阀;

3) 气瓶与系统的其他部分应通过电动"故障安全(fail safe)"阀隔离;

4) 应特别注意与氢接触的结构材料,确保它们不会发生氢脆;

5) 不仅是燃油系统,整个发动机系统都应采用电气连接并接地,以避免发生静电积聚;

6) 所有车辆车厢都应设计有效通风,以避免氢气泄漏浓度超过 1%(燃烧下限的 25%)时出现氢气积聚;

7) 车辆上应安装氢气传感器,并与车辆控制系统连接,当氢气体积浓度超过 1% 至 2% 时,启动警报并自动关闭系统;

8) 车辆上应安装自动系统关闭装置,当检测到氢气泄漏、燃料过少、车辆碰撞或其他系统故障时自动被触发;

9) 车辆操作员应便于接触到关闭燃料电池系统的开关,以断开牵引电源、断开高压设备的电源并关闭燃料供应;

10) 车辆加氢口的联锁应该防止加氢,除非燃料电池系统关闭、牵引系统关闭;

11) 燃料系统与车辆底盘必须进行电气连接,同时还要有效地接地;

12) 必要时,应通过车辆顶部的排气口排放氢气。

操作和维护——所有压缩氢气燃料车辆的操作人员都应接受关于氢气危害和应急响应的专门培训。从事维修工作的人不得使用未经认证的替换零件,用于天然气的部件不得用于氢系统。检查任何可能的泄漏都需要特别小心。此外:

1) 维修人员不能在氢气压力下松动任何接头,或将接头过度拧紧超过制造商规定的水平;

2) 对暴露在大气中的任何组件,特别是氢气燃料钢瓶,只允许在重新加注前使用氮气吹扫;

3）必须至少每 36 个月或每 58 000 km 对氢气瓶进行彻底的目视检查,看是否有划痕、凹痕和切口;

4）应始终按照制造商的服务手册进行定期检查和校准;

5）不得忽视报警指示灯和警报器,不得取消自动系统关闭装置;

6）燃料管道不允许修理,只允许更换;

7）在维修车辆之前,必须隔离燃料系统,断开电源,关闭总开关;

8）维修车辆时禁止吸烟或使用手机;

9）氢气瓶的内部压力应始终保持正压,否则必须在加注氢气前用氮气吹扫。

13.3.1.2　液氢系统

机载低温系统的经验不像压缩气体那样常见。因此,应特别注意极低温度所带来的危害。

车辆设计——应在车辆的外部贴上“液氢”的标签,并且至少在 15 m 外就能看清楚。低温储罐也应该标明“氢气”字样,牢固固定,远离车上的热源,并保护其不受道路碎片的危害。在没有液氢储罐认证标准的情况下,至少应将现有的液化天然气标准(包括跌落和火焰测试)用于液氢。

此外,还应遵循许多其他建议,下面列出了其中一些建议:

1）低温罐应配备泄压阀,其出口应排入氢气扩散器,氢气扩散器应该能够用空气将氢气稀释到体积浓度小于 1%;

2）车辆上应安装手动截止阀,将氢气罐与燃料系统的其他部分隔离;

3）每个低温罐上应安装一个液位表,在驾驶室显示为在油箱附近有一个可读的压力表;

4）每个低温罐应至少配备一个电动阀门,将氢气箱与燃料系统的其他部分隔离。这些阀门应该是“故障安全”型的;

5）燃料管道不应穿过乘客舱;

6）所有与液氢接触的材料应能承受液氢温度,与氢气接触的材料应具有抗氢脆的性能;

7）液氢汽车的燃料和发动机系统应进行电气连接并接地,以防止静电积聚;

8）在两个可能关闭的阀门之间隔离的每条液氢管线上都应该安装一个泄压阀,以应对由于管线升温而汽化的氢气排放;

9）车辆上应安装氢气传感器,当氢气体积浓度超过 1%至 2%时,就会发出警报并自动关闭系统;

10）车辆上还应安装过超低温阀门,能够在超过设定阈值时阻止燃料降低;

11）液氢汽车应配备惯性碰撞传感器,在发生碰撞时自动关闭车辆,应允许车辆在紧急情况下借助开关进行短时间操作,例如离开高速或铁路轨道;

12）车辆操作员应便于接触到关闭燃料电池系统的开关，以断开牵引电源、高压设备电源并关闭燃料供应；

13）除非燃料电池系统关闭、牵引系统关闭，车辆加氢口的联锁应能防止加氢；

14）必要时，应通过车辆顶部的排气口排放氢气。

操作和维护——所有压缩氢气燃料车辆的操作人员都应接受关于氢气危害和应急响应的专门培训。从事维修工作的人不得使用未经认证的替换零件，用于天然气的部件不得用于氢气系统。检查任何可能的泄漏都需要特别小心。输送液氢的管道必须是绝热的，外层的绝缘层必须用蒸汽密封。所有与液氢接触的部件都必须能够承受极低的温度。

此外，还应遵循许多其他建议，这些建议不仅与高压有关，而且与液氢的极低温度有关，下面列出了其中一些建议：

1）维护技术人员不得在没有穿戴适当的个人防护装备（例如护目镜或面罩、皮手套和靴子、长袖衬衫、连脚长裤）的情况下在液氢系统工作；

2）在有压力或含有液氢的情况下，不应松动或过紧连接在氢气管道上的接头；

3）不得破坏液氢管道的绝热层或仍装有液氢的低温罐；

4）不应让空气进入氢气系统的任何组件，如果这种情况意外发生（因为低温箱中的压力低于环境压力），则应在重新加注前使用氦气进行吹扫，液氢系统不得使用氮气，因为氮气与液氢接触后会液化、凝固，从而堵塞管道和阀门；

5）应根据制造商的维修手册定期检查整个氢气系统的连接情况；

6）应检查燃料管线和气瓶的外表面是否有损坏，以及低温罐的外部绝热层是否有损坏，以免失去其防蒸汽功能；

7）技术人员应根据制造商的维修手册定期检查氢气传感器和氢气扩散风机；

8）不得忽视报警指示灯和警报器，不得覆盖系统自动关闭装置；

9）燃料管道不允许维修，只允许更换；

10）在维修车辆之前，必须隔离燃料系统，断开电源，关闭总开关；

11）维修车辆时禁止吸烟或使用手机；

12）加氢前，车辆应进行连接和接地。应保持制造商规定的满载空间，不得超载。

13.3.1.3 机载液体燃料重组器

根据第七章所讨论的本质安全原则，尽量减少工艺中危险物质的负荷，目前已经开发了燃料重组器，它将柴油、汽油、或甲醇等液体燃料转化为含有 45%～75% 氢的重组油。其他成分包括二氧化碳、氮气、水，有时还有一氧化碳。

重组油是按需生产的，可用于供应氢气燃料电池，无需在车辆上携带大量气态或液态氢。在关闭发动机后，剩余的重组油通常被排出，没有氢气留在车上。

车辆设计——应在车辆的外部贴上"液氢"的标签,并且保证至少在 15 m 外能看清。当重组器运行时,其内部液体的温度可能在 93~816℃之间。因此整个系统应该封装在屏蔽包中,以防止操作人员和技术人员接触到热表面。

尽管车上的氢含量非常少,也需要在车辆上安装传感器,当任何车厢内的氢气或一氧化碳浓度超过预设阈值时,就会发出警报并自动关闭。任何系统中剩余的重组液都应在关闭时排出。

操作和维护——所有液体燃料重组器车辆的操作人员和维护人员都应接受关于氢气危害和应急响应的专门培训。这种培训应包括关于重组器泄漏液体时所遇到的高温的知识,可能会导致严重烧伤。

重组器应该被设计成"可在线单元",这样机修工就不用打开热箱进行维修。应根据制造商的维修手册定期检查管线连接处是否有泄漏。任何空气和燃料过滤器以及脱硫捕捉器必须定期进行更换。

13.3.2　氢气燃料加注设施准则

加气站的设计、建造和运行都应考虑到氢气的危险特性,并按照各国现行的规范、标准和法规进行。以下部分主要针对车辆操作员。

13.3.2.1　压缩氢气燃料

压缩天然气燃料加注机的经验对压缩氢气燃料加注机的发展是不可或缺的,因为它们非常相似。二者的主要区别在于燃料气体的供应:天然气加注站通常由管道供气,而氢气加注站通常由卡车牵引的长管拖车供气(图 13.2)。

图 13.2　氢气长管拖车(参考公开的美国交通部
报告[3],照片由 Sunline Transit 提供)

　　压缩氢气的加气系统由加气枪上的联轴器组成,与车辆上的兼容联轴器相配合。当工作人员转动杠杆时,它们将被锁在一起(图 13.3)。

图 13.3　压缩氢气加气枪(参考公开的美国交通部报告[3],
照片由圣克拉拉谷交通管理局提供)

　　当液氢供应给加气站时,还需要安装一个汽化器。如果氢气必须以气态分散,其本质上是一个换热器,用于汽化液态氢并将产生的气体温度提高到环境温度(图13.4)。

图 13.4　液态氢气储存罐和汽化器(参考公开的美国交通部
报告[3],照片由圣克拉拉谷交通管理局提供)

在某些情况下,氢气是通过对天然气进行重组而现场生产的,就像机载燃料重组器那样,但在这种情况下,转化器往往要大得多,必须安装一个分离器将氢气从重组液的其他成分中分离出来。

设计——就像所有易燃气体和蒸气一样,氢气燃料站都位于室外的露天场所,以便任何释放出来的气体都可以很容易且安全地分散在空气中。所有建筑都应该设计成不允许泄漏气体聚集的状态。因此,比如说,如果有一个顶棚,那么这个顶棚应该建造有向上的坡度(图13.5)。

图 13.5　压缩氢气加气站(参考公开的美国交通部报告[3],
照片由阿拉梅达康特拉-科斯塔交通局提供)

一般来说,应采取适当的措施保护氢气燃料站免受车辆、公众和附近其他活动的损害。根据 NFPA[10] 的规定,加氢站的任何部分与其他建筑物或公路的最小距离应为 3 m。

其他建议包括:

1)还应采用特殊装置来避免燃料过少,以防止连接软管的车辆意外或故意移动;

2)必须安装防爆电气设备,包括加气软管在内的所有部件必须连接并接地,同时车辆也必须连接和接地,通常借助加气软管来完成;

3)加气站不允许使用明火加热器,应使用热空气、蒸汽或热水进行间接加热;

4)加气系统应该有控制最终压力以不超过额定压力的规定,以及如果车辆燃料箱内压力低于正常大气压时不允许加气的规定,后一种情况表明空气可能已经

进入了储罐,有可能在储罐内形成爆炸性混合物;

5) 所有氢气储罐应配备 PRD/TRD,任何氢气排气口都应高于周围任何结构,且这个出口应配备氢气扩散器或阻火器;

6) 如果压缩氢气燃料站也有液氢储存罐(低温储罐),那么它和在两个封闭阀门之间的任何管道都应该配备一个 PRD;

7) 加气站的设备应包括紧急停止系统和氢气传感器,包括用于检测加气机附近明火的紫外线火焰传感器,当空气中的氢气体积浓度超过 1% 时应自动关闭;

8) 氢气站应备有干粉灭火器用于灭火;

9) 加气站的标志应提醒顾客在加油站区域的正确行为,以及在紧急情况下的适当行为。

操作和维护——加气站的所有人员都应该接受氢气安全培训。特别是针对加氢站的操作特点,禁止在该区域内进行任何可能产生火花、明火或起火点的活动,如吸烟、使用手机、焊接或切割金属。

只有在司机关闭点火开关并固定车辆后,才允许给车辆加气。除了通过加气枪进行连接和接地外,建议使用接地带进行附加接地。加气站不允许进行车辆维修,加气站任何其他维修必须使用无火花的工具。应根据制造商的维修手册至少每年对应急设备进行一次维护[10],如氢气传感器和火焰传感器。

13.3.2.2　液氢加注

压缩氢气加气站和液氢加气站的主要区别在于,有没有使用压缩机和泵将液氢从低温储罐中泵出。这是通过一个安全加热器向罐内加热来实现的。这种能量的输入增加了罐内的压力,从而使液氢流出。

液氢加气枪比压缩氢气加气枪更复杂。对于液氢加注,所谓的"公接头"在加气枪上,而所谓的"母接头"是在车辆上(图 13.6)。只有两者通过杠杆锁在一起才能开始加注。

设计——所有适用于压缩氢气加气站的安全措施同样适用于液氢加气站。然而,由于液氢的低温条件,应采取额外的安全措施。这些额外措施包括以下几点:

1) 根据 NFPA[10] 的规定,氢气低温储罐不应大于 600 加仑(约 2.271 m³),液氢加注机应位于露天的地方;

2) 液氢储罐和住宅建筑物或公路之间规定的最小间距为 3~22.8 m,这取决于低温储罐的大小,液氢加注器与住宅建筑物的最小间距应为 7.6 m;

3) 需要特别注意的是,液氢泄漏可能会进入下水道或地下设施,从而汽化和空气形成爆炸性混合物后产生潜在的爆炸危险,因此应采取措施,如在低温储罐周

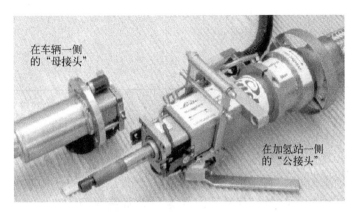

图 13.6 液氢加气枪和车辆加气口(参考公开的美国交通部
报告[3],照片由 Air Products and Chemicals 提供)

围筑堤,在任何情况下使液氢到达地下设施之前有足够的时间进行蒸发;

4)良好的绝热和无损伤的绝热外表面对于保证安全是必不可少的,液氢泄漏使富含氧气的空气液化,因此如果储罐、液氢管道和加注器安装在易燃材料(如沥青)上,液化空气可能会造成严重的火灾危险,一般情况下建议使用混凝土垫层来预防这种危险;

5)由于液氢的温度极低,有时会形成冰和霜,为安全起见,应使用高压空气、氮气或氦气进行清扫。

运行和维护——除了之前为压缩氢气加气站建议的安全措施外,液氢加气站还需要采取以下措施:

1)液氢的温度极低,需要特别小心,没有保护措施暴露在这种危险中的人会被严重冻伤。因此,连接和断开液氢加气枪的人员应戴护目镜和防护面罩、宽松的绝热手套或皮手套、脚踝以上的皮靴、长袖衬衫和连脚长裤,裤腿应该穿在靴子外面。

2)由于喷嘴土可能会结冰和霜,加气前应检查配合面。如果发生这种情况,工作人员可使用高压空气、氮气或氦气来清除冰和霜,以防止在加油过程中发生泄漏。

3)至少每六个月一次按照制造商的维修手册对应急设备(如氢气传感器和火焰传感器)进行维护[10]。

13.4 液氢储存、处理和配送

2002 年,欧洲工业气体协会(EIGA)制定了关于液氢储存、处理和分配安全的

行为准则(COD)。该 COD 涉及许多有关氢气安全的问题,包括:

1)氢气的物理、化学和生物特性;

2)客户安装(布局和设计特点、安装、测试和调试、储罐的退役和拆卸、操作和维护、客户信息);

3)液氢运输与配送(公路运输、罐式集装箱、铁路运输、水路运输、海运);

4)人员培训和保护(气体供应商和客户,工作许可证)。

这些问题中的前两项基本符合第 13.1 和 13.2 节中介绍的基于美国国家标准 ANSI/AIAAG - 095 - 2004 的《氢、和氢气系统安全指南》[2]和美国交通部《商用车辆氢气燃料使用指南》[3]给出的详细建议。但是,最后两项给出的建议是针对那些处理所有液氢运输方式(管道和便携式容器除外,如托盘罐和气瓶)的人员。EIGA 的 COD 概述如下。

13.4.1   客户安装

对于客户安装,建议最小安全距离取决于受威胁的物体或物品。安全距离的计算是基于氢气云的扩散模型、氢气火焰的热通量效应以及从释放点测得的火焰点燃引起的局部超压。表 13.1 列出了一些建议的安全距离。

表 13.1   部分建议的液氢的最小安全距离[4]

	物　　品	距离/m
1	90 min 耐火墙	2.5
2	无人值守的工艺建筑物	10
3	有人值守的建筑物	20
4	空气压缩机进气口,空调	20
5	任何可燃液体	10
6	任何可燃固体	10
7	其他 LH₂ 固定仓库	1.5
8	其他 LH₂ 罐车	3
9	液氧储存	6
10	易燃气体仓库	8
11	明火、吸烟、焊接	10
12	公共集会场所	20
13	公共场所	60
14	铁路、公路、地产边界	10
15	架空电力线	10

如果在液氢装置和暴露区域之间采取一定的保护措施(如水幕),那么这些安全距离就可以缩短。但是,此类保护措施只能适用于某些情况,如表 13.1 中的第 2、3、10 和 14 项。

除了美国交通部《商用车辆氢气燃料使用指南》[3]中建议的临时措施,如在露天建造氢气储存装置之外,还包括设置障碍物或护柱以避免车辆的碰撞。氢气的转移只能在有使用者在场的情况下进行。紧急情况下,氢气装置的技术建筑应至少设置两个独立的向外开口出口,宽度至少为 0.8 m。

氢气装置电气系统的安装和操作(在表 13.1 第 15 项所示距离内)需要符合国家法规、标准和行为准则,特别是最新修订的指令 79/196/EEC(用于潜在爆炸性环境中的电气设备)。防爆电气设备必须在表 13.1 中给出的安全距离内使用。

所有部件的连接和接地对防止静电聚集是十分必要的,特别是在机械磨损时或者含有粒子的液体流过固体表面时。大多数合成材料都很容易产生静电,由此产生的电火花通常足以点燃高度敏感的氢气。

所有的氢气排气口都需要连接到一个排气口,置于露天的安全地方。排气口的高度应高于地面 7 m 或高于储罐顶部 3 m,以两者中较高者为准。

EIGA 行为准则还就气体氢气管道必须与电缆在同一管道或沟渠中运行的罕见情况提出了一些建议。在这种情况下,氢气管道的所有接头都需要进行焊接或钎焊,而且这些管道的位置要高于其他管道的位置。

在使用某些通常不符合氢气的安全防护要求的检测仪器时也应特别注意,如气相色谱仪和火焰离子化检测器。

13.4.2 液态氢的运输和分配

13.4.2.1 公路运输

根据 EIGA 的规定,所有危险货物的公路运输都应遵循《关于国际公路危险货物运输的欧洲协议》(ADR)。该 ADR 根据理事会指令 94/55/EC 协调整个欧盟的法律。合并"重组"版的 ADR 于 2005 年出版,最新 ADR 规定自 2009 年 1 月 1 日起生效。

EIGA 的 COD 涵盖了从车辆离开储罐厂直到完成规划路线中给出的全部配送的所有操作。这些操作包括路线规划、定期检查、停车、抛锚、产品转移、应急程序和驾驶员培训。

路线规划。路线规划需要非常详细地描述油罐车或罐式集装箱行驶的确切路线。一般来说,应优先选择高速公路和主干道,避免隧道以及人口密集地区。任何偏离规划路线的行程都应在安全的情况下尽快告知总部。

定期检查。在出发地应全面检查车辆,并在整个行程中定期检查。发生任何异常情况,司机都应立即通知监测基地。

停车。对于停车就餐等,应首选特定的重型货物公共停车区,停车地点应始终在露天场所。司机在选择停车地点时应注意避开明显的危险,如架空电线或液氧罐车。

抛锚。在高速公路上发生故障时,司机应使用所有可用的警告标志,如闪光灯、反光三角板和绑扎黄色灯。任何未经授权的人员都不允许在液氢罐车上进行热作业,除非罐车已经经过清洗和惰化并且相关人员已获得了作业许可证。

产品转移到客户储存装置中。只有经过授权、培训和认证的人员才能进行转移操作。雷雨天不允许进行转移作业。驾驶员应穿戴好所有个人防护装备(手套、护目镜、头盔、工作服和防护鞋)。产品转移后,输送软管应在断开连接之前将氢气彻底清除干净。

13.4.2.2　罐式集装箱的铁路运输

罐式集装箱的铁路运输应符合《关于国际铁路运输危险货物的规定》(RID)。只有经批准的罐式容器才能应用于铁路运输,并且充满氮气保护容器。氢气容器的位置应远离不相容的物质,如氧化剂,甚至远离停在附近编组站的其他列车。

国家铁路局应就规划的路线达成一致。如果路线跨越边界,相关信息应传递给下一个铁路局。应向铁路沿线的国家铁路局和所有其他有关人员(如应急服务人员)发出详细的书面指示。在运输结束时应全面检查氢气容器,并将检查结果记录在检查表上。

13.4.2.3　水路和海上运输

水路和海上运输液氢应符合国际海事组织的《国际海上危险货物准则》和EIGA 的 IGC Doc 41/89 中的准则。后者也适用于公路罐车。

水路和海上运输液氢,除了应符合国际海事组织紧急程序的要求外,还应向有关航运当局提供具体说明,同时还应提供一份检查表,以确保定期记录氢气储罐的性能监测情况。

参 考 文 献

[1]　Biennial Report on Hydrogen Safety, HySafe (Safety of Hydrogen as an Energy Carrier), Chap. VI. http://www.hysafe.org.

[2]　American National Standard Institute (ANSI), Guide to Safety of Hydrogen and Hydrogen Systems, American Institute of Aeronautics and Astronautics, ANSI/AIAA G - 095 - 2004, Chap. 4. ANSI, Washington, D.C., 2004.

[3]　U.S. Department of Transportation (US DOT), Guidelines for Use of Hydrogen Fuel in

Commercial Vehicles, Final Report, US DOT, Washington, D.C., 2007.

[4] Code of Practice on Safety in Storage, Handling and Distribution of Liquid Hydrogen, European Industrial Gases Association, 2002.

[5] Rigas, F., and Sklavounos, S., Hydrogen safety, in Hydrogen Fuel: Production, Transport and Storage, CRC Press, Taylor & Francis, Boca Raton, FL, 2008, 563 – 565.

[6] Sklavounos, S., and Rigas, F., Computer simulation of shock waves transmission in obstructed terrains, Journal of Loss Prevention in the Process Industries, 17, 407, 2004.

[7] Health and Safety Executive (HSE), Explosion Hazard Assessment: A Study of the Feasibility and Benefits of Extending Current HSE Methodology to Take Account of Blast Sheltering, Teport HSL/2001/04, Shefield, UK, 2001.

[8] Rigas, F., and Sklavounos, S., Evaluation of hazards associated with hydrogen storage facilities, International Journal of Hydrogen Energy, 30, 1501, 2005.

[9] International Atomic Energy Agency, Hydrogen as an Energy Carrier and Its Production by Nuclear Power, IAEA – TECDOC – 1085, 1999.

[10] National Fire Protection Association, Vehicular Fuel Systems Code, National Fire Protection Association, Quincy, Massachusetts, 2006.

第 14 章　结　语

当今发达国家的繁荣建立在丰富的化石燃料作为能源和载体的基础上。然而,这些储存的太阳能储量有限,且主要由碳组成。因此,即使化石燃料的储量是无限的,在未来几十年内也应该放弃使用,这是由于大气中二氧化碳的大量释放以及由此产生的温室效应,从而导致气候变化。这就需要以太阳能等可再生能源为基础的新能源和载体。许多研究人员认为,如果最终目标是发展可持续的能源经济,那么在不久的将来发挥储存和运输媒介作用的最有希望的候选人似乎是氢,前提是氢将由可再生能源生产。此外,氢主要储存在地球上的水中,而它的燃烧又产生了水,因此,循环结束时没有任何环境危害。

然而,氢经济的预期已引起了许多关注,其中包括环境问题、安全生产、运输、储存和使用。尽管氢确实安全使用了几十年,但这一现象至今仍主要发生在化学工业活动中,在那里有熟练和训练有素的人员。没有人知道当他们处理液态氢等潜在危险物质为我们的汽车加注时会发生什么。这种想法是因为对氢的危险性质,例如点火化学、爆燃转爆轰(DDT)、储存材料、与其他材料的兼容性以及在极端储存和使用条件下的知识仍然较为缺乏。假如事故预防和缓解措施尚未确定,建议采取的积极措施(如强制通风或水雾)也可能不如预期的高效(尽管他们不会加重后果)。如果氢在全球广泛使用,人们也会对氢气泄漏对环境的影响产生质疑。

这本书的一个贡献是从氢能经济的视角提供氢能危险性的基础知识,并全面概述如何安全处理和储存这一新的能源载体。